"十三五"江苏省高等学校重点教材（教材编号：2019-2-165）

U0161553

数字化图形创意设计及制作

Creative Design of Digital Graphics

主编　陈利群

参编　周志奇　姚景益　谭　维

东南大学出版社
SOUTHEAST UNIVERSITY PRESS
·南京·

图书在版编目（CIP）数据

数字化图形创意设计及制作／陈利群主编. —南京：
东南大学出版社，2020.9
ISBN 978-7-5641-9129-0

Ⅰ. ①数… Ⅱ. ①陈… Ⅲ. ① 图像处理软件–高等学
校–教材 Ⅳ. ① TP391.413

中国版本图书馆CIP数据核字（2020）第 181038 号

数字化图形创意设计及制作

Shuzihua Tuxing Chuangyi Shiji Ji Zhizuo

主　　编	陈利群
出版发行	东南大学出版社
社　　址	南京市四牌楼 2 号　（邮编：210096）
出 版 人	江建中
责任编辑	张　煦
经　　销	全国各地新华书店
印　　刷	徐州绪权印刷有限公司

开　　本	787mm × 1092 mm　1/16
印　　张	13.5
字　　数	304 千
版　　次	2020 年 9 月第 1 版
印　　次	2020 年 9 月第 1 次印刷
书　　号	ISBN 978-7-5641-9129-0
定　　价	89.00 元

本社图书若有印装质量问题，请直接与营销中心联系，电话：025-83791830。

$\mathcal{P}$reface 前言

　　最初想动手写本书的冲动来自许多学生询问该如何学习计算机辅助设计软件，该学习哪种软件，是否热门软件都需要学，如今的计算机辅助设计软件种类繁多，有图形（如 CorelDRAW、Illustrator、AutoCAD）、图像（如 Photoshop）、二维三维动画（如 Flash、3DMax、Maya、Rhino）、特效（如 After Effects）、影视后期（如 Premiere）、网页设计（如 Dreamweaver）、游戏设计（如 Unity）等，是否都要学？大多数初入学的新生不知从何入手，往往舍本求末，忽视了最该学好的专业课程，而在计算机软件的学习上投入大量的时间和精力。还有的同学不管自己的硬件条件是否允许，一味不停地下载最新的版本，以致于经常问我："老师，我的电脑崩溃了，作业找不回来了怎么办？"

　　教学近 30 年，手上积累了不少自己的教案案例和一些不错的学生作业，因此两年前开始动手撰写本书。本书以计算机软件的运用为主线，旨在引导学生明确学习目标，了解自己所需要的知识。告诫学生计算机只是应用工具，相当于我们绘画的颜料和笔，而不能代替专业知识和自己的大脑。

　　本书的应用软件为加拿大 Corel 公司开发的图形软件，有意不使用最新版本（强调软件版本在具体的设计制作效果中并非是最重要的因素）。利用平面图形软件设计制作出几乎涵盖艺术设计所有专业的作品。本书共分为七个章节，首先介绍计算机软硬件、输入输出设备的配置及要求，进而展示了涵盖平面标志广告、产品造型、壁画、室内室外环境等专业的设计作品，旨在启示读者软件选择不是最重要的，最重要的还是专业水准。通过使用平面图形软件，就可以对平面、立体、二维、三维设计效果进行非常完美的制作展示。

学生们在大学里应学会学习方法和思维方式，而不仅仅是某种技能。技能会随着时代的变换而变化的，或被更新，或被淘汰，只有学习方法和思维方式才能保证我们持久学习力，以不变应万变。我们要学的是计算机应用软件的思维方式和运用模式。希望通过本书能够引导读者更好地利用计算机工具，更加快捷简便地设计出理想的作品，为今后的应用打好基础。

陈利群

2020.6.28

Contents 目录

第一章　数字化图形概述

图形的起源与发展

数字图形的起源与发展

数字化技术在艺术设计中的应用

第一节　图形的起源与发展

　　图形的原始形式最早可以追溯到史前时期。早在旧石器时代，人类祖先就开始使用木炭或矿物颜料在他们居住的洞穴岩壁上刻绘出象形性的符号，以记录自己的思想、活动、成就，表达自己的情感，进行沟通和交流，这就是最原始意义上的图形。这些象形符号是人类最早在社会活动中进行信息传递的媒介，是人类祖先最原始的描摹事物的记录方式，也是人类艺术天性的本能反应。如商代青铜器上的饕餮图形，春秋战国时期的蝌蚪文、梅花篆，汉代漆器上的凤形，唐代的宝相花纹以及后来出现的金文形态等，这些图形随着时间的推移、历史的发展而不断沉淀、延伸、衍变，从而形成中国特有的传统艺术体系。这一体系凝聚了中华民族几千年的智慧精华，同时也体现出了中华民族所特有的艺术精神。象形字来自图形，但是图画性质减弱，象征性质增强，它是一种最原始的造字方法，也是表现声音的符号（其写法能表现发音的方法），这种符号后来被视为声音符号的起源。这是文字起源的雏形，也是现代图形的原始形式。如图1-1所示即为最早的象形文字"龙"。

　　随着人类意识的进化、人类生存空间的扩大及对交流的迫切需求，一方面原始图形逐渐向文字方面演变，另一方面人类精神文化的需求向着视觉传达活动及艺术设计方面演变为今天的图形艺术。

一、图形元素的概念

　　"图形"的英文为"graphic"，源于拉丁文"graphicus"和希腊文"graphicus"，是指刻印的书画作品或说明性的图画。可以理解为具有一种特殊传递信息符号化样式的视觉形象，是以一定的构成手法完成意向化处理的图。就其概念可以从视觉文化去认识，也可以从形式语言的构成去解读，同时可以通过各种手段进行复制传播。

　　在设计领域，"图形"则有着特殊的含义：图形是将某种信息、思想和观念经过设计用于传播的视觉符号，是一种特殊的视觉化的传递信息的语言符号，属于艺术形态，是意识、艺术、技术的组合。随着科学技术的发展，图形的设计手段也由平面的绘、写、刻、印扩展到摄像、数字媒体等，载体也由平面印刷品扩展到数字媒体活动范畴，不再局限于平面范围。

二、图形与传播

图形主要用来传播特定的信息，因此它经常使用一种可感知、单纯而又简练的语言，有着强烈的直观性，有时为了激发观者产生联想，达成情感与思想的交流，也会应用感性、含蓄、隐喻的象征性符号，暗示和启发人们产生想象。

图形设计有别于美术作品，主要功能是说明性的，主要着眼于传播，传达特定的信息、思想和观念。

图形、语言、文字是人类为传播而创造的载体工具。图形与语言、文字的区别在于不受国家、地域、民族的限制，不仅可以直观准确地传达信息，调动视觉，激发心理潜能，更重要的是能够顾及受众心理的理解，实现心灵触动和沟通，最后达成情感的交流。由图形造成的强烈的视觉冲击是语言与文字无法取代的。

图形主要是指按照现代视觉形式规律所创造的图的表达方式，但有别于标记、图案，是在特定理念与创意方法中对视觉形象进行拼贴或重构的表达形式。就社会学意义而言，图形产生于人类社会实践活动，并随时代演变而变迁。人们的情绪、需求、态度和价值观等可以通过图形创意赋予充分的表达。如图1-2所示为通过黑白构成表现酒文化的一种宣传。

图1-1 象形文字"龙"

图1-2 黑白构成

三、图形的应用

图形语言是一种最直接、最易传达的视觉语言。德国当代设计大师霍尔戈·马蒂斯说过，"一幅好的设计应该是靠图形语言，而不是靠文字来注解"。图形无论在什么民族、国度及文化背景下都能被人们所接受和识别。

图形应用十分广泛，从静态的报纸、杂志、招贴到动态的影视、网络等都有它的发展空间。当受众被图形所吸引而驻足欣赏作品时，也理解和接受了图形所传达的思想和内容，因此图形的传播具有可读性和准确性。优秀的图形作品不仅注重不同层次消费者的审美差异，更强调内容与形式的和谐与统一美，如图1-3所示。

四、图形创意与表现

现代艺术是将生活之形、艺术之形和情感之形进行再塑造，以图形、色彩、文案及其他符号等相互组合的视觉语言。图形的创意设计有许多可以借鉴和发挥想象的空间，突破常规的空间，利用创造性的想象产生新的图形，运用一定的独创形式构成的规律，使图形本身具有深刻的寓意，准确传递信息，沟通情感，以达到引人注目的目的。

图形设计必须以创意为先导，运用视觉造型语言来表达人们的思想。具体图形的创意表现手段主要有同构图形、点阵图形、线组图形、正负图形、饰字图形、投影图形、交错图形、叠透图形、绳结图形、共生图形、异变图形、矛盾空间图形等等。其中同构图形是重中之重，应用范围最为广泛，是视觉传达力最强的表现方法之一。图形主要的表现手法如图1-4所示。

图1-3　标志

同构	点阵	线组	正负
饰字	投影	交错	叠透
绳结	共生	异变	矛盾

图1-4 图形主要的表现手法

第二节　数字图形的起源与发展

一、数字图形的起源

计算机产生的影像最早可以追溯到真空管即电子管的发明。1952 年，美国本·兰普斯基（Ben F. Laposky）使用电子阴极管示波器创作了世界上第一幅电子图像（如图 1-5 所示）；1960 年世界上第一幅使用计算机绘制的图像在德国由阿尔勒伯恩（K. Alsleben）和费特（W. Fetter）创作诞生了（如图 1-6 所示）；1965 年德国斯图加特大学的学生纳克 (F. Nake) 和德国的尼斯（G. Nees）在德国举办了数码作品展（如图 1-7 所示）。

电子管的单个像素上发出不同的电子会导致不同的颜色显示，这便是计算机图形显示原理。来自麻省理工学院的学生伊凡萨瑟兰在 1961 年创建了计算机绘图画板程序，用光笔、画板可以在电脑屏幕上得出一个简单形状并保存。这些早期的基于像素的光栅的图形构成了今天的数字图形。随着显示屏幕、鼠标、数字化仪、图形加速仪等设备的发展，计算机已经由最早的图形显示只有 256 色，到今天利用计算机可以实现任何想达到的效果：模拟和建模、计算机生成艺术、数字运动分析、文字编辑

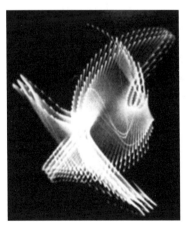
图 1-5　电子管示波图像

图 1-6　第一幅数字图形

图 1-7　计算机数码作品

和组成、计算机辅助设计、计算机图形。游戏、多媒体、动画、三维图形已经变得越来越流行。图形演示虚拟现实世界，娱乐，计算机多媒体技术已在我们日常生活中产生深远的影响。无论是精美的设计作品还是绝妙的游戏，又或是引人入胜的高保真立体 3D 电影，均已离不开计算机（如图 1-8 所示）。

在计算机历史上，从最早的光栅图形到今天的数字时代，只用了短短的几十年时间。而我国的计算机图形的应用研究起步相对晚一些，始于 20 世纪 80 年代末，至 90 年代中期计算机图形的应用逐渐趋于成熟，出现了一大批优秀的作品。到 90 年代末，随着网络时代的到来、IT 行业的发展及个人电脑设备的普及，更多的多媒体作品及网络作品诞生，逐渐形成艺术设计的新潮流和发展方向。目前中国的艺术家们的数字艺术作品已经可以和世界一流的数字图形相媲美，并且走出国门，参与各类国际著名的数字化设计作品竞赛，并取得了不错的成绩。

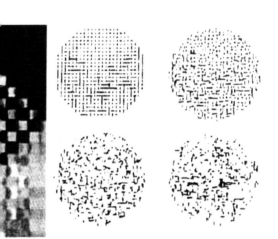
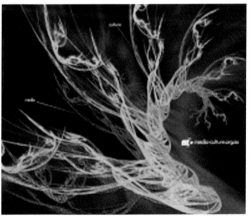

图 1-8　光影影像效果

二、图形的数字化过程

艺术设计随着社会的需要而产生，随着环境的变化而发展。数码时代的到来，为艺术设计带来了巨大的变革，为艺术设计提供了更大的舞台，同时也给艺术家们带来了无限的创意空间和表现手法。在信息化的今天，艺术设计已经与计算机科学融合为一门学科，数字化艺术设计是计算机和艺术学的交叉学科，不可避免地要在艺术中融合进技术。数字媒体的迅猛发展，给传统图形设计（以笔＋颜料作为主要表现工具）带来强烈的冲击，将传统的手绘效果图与计算机绘图相结合，重构设计理念与认知方式。无论是传统的手绘表现还是利用数码绘图表现，都有着各自不同的特点和效果，不能互相取代，而是相互交融、扬长避短，充分体现设计师的设计理念、设计思想和设计方案（如图1-9所示）。

数字化图形，顾名思义就是用数字的方式来记录、处理图形，利用计算机鼠标代替传统的画笔颜料。计算机的数字图形可以将图形处理成传统手工所不能实现的效果，其优势是色彩丰富，反复复制、位移、旋转绝不变形；能较写实地模拟真实的环境、直观反映空间的视觉效果；便于修改，有利于设计师优化设计方案，多角度地展示设计构思和表述设计；可以利用网络进行传输、处理并存储而不会造成失真和损坏等。其优点不胜枚举。

图1-9　数字图形

第三节 数字化技术在艺术设计中的应用

一、数字化艺术设计的基本构成原理

计算机数字化图形的构成原理是将不同形态的若干基本小单元，按照一定的原理，重新组合成一个新图案。将点、线、面进行有机组合，将视觉的反应与知觉的作用联系起来，形成一种视觉语言。

数字艺术图形主要分为三类：矢量图、向量图（位图）和三维模型。

矢量图： 矢量图以数学矢量方式记录图形的内容。图形（graphic）指具体形状的基本元素，属性包括形状、颜色、大小、位置和维数等。在计算机中由点、线和面组成的几何形状，按照数学公式独立定义而绘制的图形属于矢量图。其优点是文件容量小，可以分别控制、处理图形的各个部分，对图形进行放大缩小时，无论是色彩还是形状都不会失真。其缺点是形状和色彩范围比较窄，无法达到自然景观的效果，储存文件的格式为特定的，不易交换（如图 1-10 所示）。

向量图： 又称像素图或光栅图，由点阵组成。图像（image）是所有图片的通称，最为关键的属性是清晰度、色度、饱和度等组成图片的基本元素。图像的清晰度常常用分辨率描述。关于图像的分辨率有不同的含义：一种是指像素点的大小，另一种是指图像中存储的信息量多少。最典型的是以每平方英寸的像素数（PPI）或每平方英寸的点数（DPI）来衡量。显然，图像分辨率和图像尺寸的大小决定该文件的输出质量。由于位图被放大或缩小时，像素点的数量并不会增多或减少，因此就会影响图像的清晰度。因此位图最大的特点就是图像的清晰度要受到像素点的约束。当然，质量越好的图像对磁盘存储空间要求也就越多。以像素为单位组成的图片，如数码相机拍摄的照片、通过扫描仪扫入的图片、网上下载的图片等等，由于每个像素点都用一定的字长（如 8 位、16 位等）存储，其属性、颜色、灰度、明暗对比度等都分别由相应的"位"表示，因此这类图片也被称为位图。在位图中，一个像素点所占的位数越多，所表现出的颜色就越丰富，图像就越逼真、越清晰。优点是适用于表现复杂色彩、灰度、形状变化的图像，如照片、绘画、数字化视频图像等。缺点是图像的清晰度受图片的像素点大小影响（如图 1-11 所示）。

可见这两种模式的文件相互补充，各有优缺点。向量软件适合对现有的图片等进行艺术设计处理，目前比较好的处理软件是 Photoshop 软件；矢量软件适合标志、卡通、图案等文案的设计制作，目前使用较多的为 Illustrator 和 CorelDRAW 软件。本书的重点是利用 CorelDRAW 矢量软件。

三维模型：三维建模和前两者是完全不同的概念。利用软件可以创建三维模型，可以设计不同的纹理和光线效果，创建出逼真的物体和令人震惊的具有科幻色彩的图像，或鲜明、夸张的卡通效果（如图 1-12 所示）。

数字动画可以基于上述三种形式中的任何一种，运用时间线来让图形元素的尺寸和位置在不同的时间点进行变换，从而形成不同的二维和三维动画。

二、数字化艺术设计的色彩构成

色彩的形成有三个实体：光源、物体、观察者。色彩是物体受光的照射后通过分解而形成的。白光通过三棱镜产生红、橙、黄、绿、青、蓝、紫色。计算机中处理色彩的模式可分为 RGB 模式、CMYK 模式、Lab 模式、HSB 模式、Grayscale（灰度）模式、Bitmap（位图）模式和 Indexed（索引色）模式等七种模式。每款模式都有其独特的优缺点，可以互相转换，也都有各自的适应范围（如图 1-13 所示）。

RGB 模式：电子显色的三原色为红、绿、蓝。R 指红色，G 指绿色，B 指蓝色。三种颜色叠加（称加色模式）形成所有色彩，RGB 三种颜色各个均有 256 个亮度级，三色叠加色约为 1677 万色（俗称"真彩"），最多可达 24 bit 深度。由于色彩比较丰富，因此是最佳的显示模式（如图 1-14 所示）。

图 1-10　矢量图

图 1-11　向量图

图 1-12　三维水果景物效果

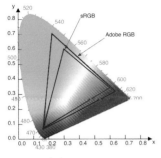

图1-13 色彩环

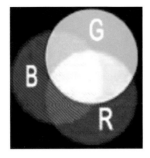

图1-14 RGB 模式

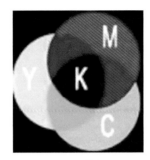

图1-15 CMYK 模式

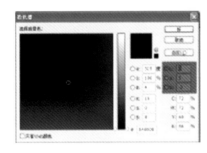

图1-16 Lab 色彩模式

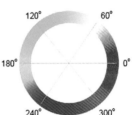

图1-17 HSB 色彩模式

CMYK 模式: 是针对印刷而设计的模式,CMYK 分别指印刷中的四色印刷(青色、品红、黄色和黑色),其色彩的形成为光照射到物体上,该物体吸收一部分光,将其余的光进行反射,反射的光为我们肉眼所见的颜色,用的是减色原理,从而演变出 CMYK 模式,因此为最佳的印刷模式(如图1-15 所示)。

Lab 模式: 是 1976 年由国际照明委员会公布的一种色彩模式,与前两种模式的不同之处在于该模式既不依赖于光,又不依赖于颜料。它由三个通道组成:L、a 和 b 通道。L 通道是照度,a 通道包括的颜色从深绿(低亮度值)到灰(中亮度值)再到亮粉色(高亮度值),b 通道则从亮蓝色(低亮度值)到灰(中亮度值)再到焦黄色(高亮度值)。因此该色彩混合后产生明亮的色彩(如图1-16 所示)。

以上在表达色彩范围上的排列顺序是 Lab 模式、RGB 模式和 CMYK 模式。

HSB 模式: H 指色相,S 指饱和度,B 指亮度。利用三个参数确定色彩模式,并将颜色划分为 360 种色调(如图1-17 所示)。

灰度模式: 指黑白之间 256 级灰度 8 bit 深度,在灰度图中饱和度为零,只有亮度起作用。

位图模式: 此模式只有黑和白两色,主要用于灰度图像的打印、黑白激光打印和照排,早期报纸就用此模式的细小网点来渲染灰度图。

索引色模式: 只有 256 色 8 bit 深度,且 256 色均为事先预定好的,将所有色彩映射到一个彩色对照表中。

三、 数字化艺术设计的文件格式构成

每种数字图形均有自己独立的特性，并以一定的格式进行存储。其属性和优缺点由软件和主机平台决定。

最为常用的图像位图文件格式有 TIF、TIFF、JPG、JPEG、GIF、TGA、BMP 等。

（1）TIF/ TIFF：为标记图像格式文件，主要用于 OCR 识别扫描文档的存储和页面排版，使用 LZW 编码方式压缩，支持多通道图像。印刷必须用此格式。

（2）JPG/ JPEG：是静态图像文件的一种。最大的优点在于提供比例为 40:1 的几乎无损压缩。利用人的视觉的灵敏度，将一些常人不易察觉的颜色变化略去。在压缩时只存储单元内相差较大的颜色值，随着压缩比例的上升，这一存储值便相应减少。JPG/JPEG 是目前使用最为广泛的一种格式。

（3）GIF：GIF 是图形交换格式的英文缩写，是由计算机生成的动画序列，文件尺寸比较小。GIF 图像传输步骤可以使用逐行输出和显示，还增加了渐显方式，即在图像传输过程中，接收的用户可以先看到图像的大致轮廓，然后随着传输过程的继续而逐渐看清图像的细节部分，从而迎合了用户的观赏心理。因此该图像文件适合于网络传输。

GIF 格式为 8 位位图，最大支持 256 种颜色，支持动画格式和透明效果。

（4）TGA：该文件格式结构比较简单，属于一种图形、图像数据的通用格式，是由计算机生成图像向电视转换的一种首选格式。最大的特点是可以做出不规则形状的图形、图像文件，用于需要镂空的图像文件。TGA 格式支持压缩，使用不失真的压缩算法。

（5）BMP：BMP 是 Windows 图形界面的基本构件之一。BMP 的颜色模式分为四种：2 位（黑白）、4 位（16 色）、8 位（256 色）、16 位（65536 色）、24 位、32 位 alpha 通道。无法进行压缩，人们青睐它的原因在于，它不会丢失任何的图像细节，适合对图像要求严格的设计者使用。

最为常用的矢量文件格式有 CDR、AI、EPS、FLA、DWG、PICT 等。

（1）CDR：为加拿大 CorelDRAW 公司开发的图形软件 CorelDRAW 专用矢量文件（为本书重点介绍软件）。

（2）AI：为 Adobe 公司开发的图形软件 Illustrator 专用矢量文件。

（3）EPS：为 Adobe 公司开发的专门用于矢量存储文件。

（4）FLA：为 Adobe 公司收购的二维动画软件 Flash 专用矢量文件。

（5）DWG：为 Autodesk 公司开发的建筑设计软件 ACAD 专用矢量文件。

（6）PICT：为苹果公司开发的用于位图、矢量图的存储文件。

除此之外还有三维软件格式、文字软件格式、音频视频编辑软件格式、非线性编辑软件格式等，在此就不一一列举了。总之图形软件的应用将成为平面设计的必要工具之一。

第二章　数字化图形构成设计

数字化艺术图形设计是艺术与自然科学在彼此融合的条件下形成的一门特殊视觉传达的学科。

第一节　数字化图形设计的基本构架

　　数字化图形设计是随着现代计算机的出现所产生的一门融艺术与技术为一体的学科，被广泛应用在广告、影视、建筑等领域，主要用于图形的设计与处理，通过多样化的表现形式对图形进行美化与升华，促使信息的有效传达及作品审美价值的提升。

一、数字化图形设计的概念

　　通常我们对图形的解释是这样的："用线条、颜色描绘的事物形象。"而在计算机设计领域，图形是指由外部轮廓线条构成的矢量图，矢量图的基本单元是锚点和路径，所以不论放大多少倍，图形的边缘都是平滑的，不会影响最后的输出质量，因此图形具有矢量的特点。图形设计应坚持与众不同的原则，吸引观众注意的同时，作品的含义能被生动准确地传达。数字化图形设计，顾名思义，就是在图形设计中融入数字技术，通过对计算机软件绘制的直线、矩形、曲线、光影明暗等关系的处理，使作品效果更加鲜明立体化。

二、数字化图形设计的流程

数字化图形设计的设计流程为以下几点：

首先是确定设计主题，然后对主题进行创意思维。

其次将其中的想法以草图的方式记录勾勒出来。

最后结合计算机软件进行制作，调整至最终完成。

数字化图形设计过程中数字软件只是辅助手段，其根本离不开创意思维和表现能力的支撑。创意是个体主导的思维，确定好主题后，首先我们应进行发散思维的引导，搜集相关有价值的素材，通过大量信息资源数据的搜集分析从而促进灵感的生成，这段时间往往会比实际设计时间要久得多。再从中选择有用的数据进行归纳，建立合理的信息层次关系，确定信息传递的重点，重点信息要安排在显著位置，通过形状、色彩、明暗、对比等图形元素对信息进行视觉化转化，以巧妙的视觉语言的形式进行信息的传达，视觉上应注重审美愉悦感，从而吸引信息接受者，因为视觉转化会直接影响整个图形设计的视觉效果。创意构思后就是制作环节了，在纸张上绘制小稿是必不可少的一步，然后再通过数位板和软件工具的结合，一步步将草图完善。计算机软件使用方便，表现力十分丰富，减少我们设计工作中不必要的工作程序，使绘制、扫描、上色、修改都能轻松完成，大大提高了设计效率和最终的表现效果。

数字化图形设计技术能够提高设计作品的视觉效果，为图形设计注入新鲜的血液，丰富我们的图形设计表现形式。但切记不要过分依赖数字软件而忽视创意思维的运用。

第二节　数字化艺术图形设计的硬件配置

　　实现数字化艺术图形设计的前提是有一套完整的能够处理、编辑、操作的硬件和软件系统。硬件系统即我们所认知的计算机等，其硬件部分可划分为输入部分、输出部分、处理器部分和存储器部分四大部分。

一、输入设备配置

　　输入设备，顾名思义，即用于数据采集的设备，其将原始数据录入计算机，使之可以编辑处理。

　　常规的输入设备：键盘、鼠标、USB 接口的 U 盘、串并行接口、可擦写的 DVD 刻录机等。

　　特殊的输入设备：采集卡（用于模拟的电视电影信号转换为数字信号）、扫描仪（用于将图片、作品、文字等材料转换到计算机中）、数码照相机、摄像机、数字化仪、麦克风等，如图 2-1 所示。

二、处理设备配置

　　计算机的处理设备由以下几个主要部件组成。

　　CPU：中央处理器简称 CPU，是计算机的中枢部件，执行计算机的所有计算和处理任务，是对计算机的性能起决定性作用的部件之一，如图 2-2 所示。

图 2-1　鼠标

图 2-2　CPU

显卡：显卡即显示器的适配卡，如图 2-3 所示。显卡的运算速度决定了图形、图像、三维动画生成的表现质量和速度。显卡的性能主要由图形芯片的工作速率（由刷新频率决定）和显存决定。如主机的主要工作是处理图形图像就要求显卡的显色性能相对要高一些，如果主要用于三维动画，则要求处理速度相对要高一些。

图 2-3　显卡

　　声卡：声卡处理音频信息，将模拟声音转换成数字信息（模数转换，A/D）、将数字信息转换成模拟声音（数模转换，D/A）、压缩、解压缩释放还原声音。一般集成在主板中。

　　主板：主板也称主机板，是安装在主机机箱内的一块矩形电路板，为计算机的主要电路系统，如图 2-4 所示。

图 2-4　主板

　　网卡：网卡（NIC）是计算机与网络传输介质之间的连接设备。它的主要功能是进行数据的接收和发送，同时还有信号转换、控制等功能。目前笔记本一般使用无线局域网（简称 WIFI)，台式机也可加外接无线连接器（通过 USB 口连接），如图 2-5 所示。

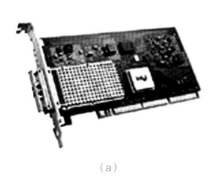

（a）

（b）

图 2-5　网卡和无线网卡

三、 存储设备配置

存储器是计算机存储信息的部件。存储器的主要指标是容量、存取速度和价格。基于对这三方面的折中，计算机的存储系统大多采用多级结构，一般是采用三级结构：高速缓存（一般集成在 CPU 中）、内存和外存。

四、输出设备配置

常规的输出设备有：显示器（如图 2-6 所示）、打印机、可擦写的 DVD 刻录机、外接 U 盘，串并行接口等。

特殊的输出设备有：麦克风、触摸屏、虚拟头盔等。

专业设计图形的使用者，对于计算机配置的要求当然是越高级越好，但永远不要想配置一台最好的。计算机的发展是所有行业中发展最快的，快得让人无法想象，一个月甚至几天就会有新的产品出现。一次性投入的费用高，使用的寿命会长一些，性价比高一些，反之则短些。目前的 CPU 速度基本上能够满足设计要求。如以设计平面图形为主，则建议内存配置大一些，显卡的显色性能好一些，其他的配置因人而异，视个人的经济情况而定，取最佳性价比。

图 2-6 液晶显示器

第三节　数字化图形设计的软件配置

一、数字化图形的概念

如前所述，在计算机平面辅助设计制作中数字图形图像主要分为位图与矢量两种模式。两种模式各有优缺点，同时又互相弥补对方的缺点。因此在处理图形和图像过程中，应充分利用两种模式的优点以达到最佳的设计效果。

形是物体外部的特征，是可见的，其属性包括大小、色彩、表面肌理等特征。我们可以这样说，数字图形是专门设计形状的，而数字图像是专门用来处理图片效果的。

二、图形设计软件的分类及其优缺点

就形的设计而言，专门处理图形的软件很多，在矢量图形设计领域，Illustrator、CorelDRAW 和 Freehand 多年来一直处于三足鼎立的竞争格局。只是现在使用 Freehand 软件的设计者越来越少了。

对于初学者来讲，究竟该选择哪个？有人认为 Illustrator 软件适合专业设计人员，CorelDRAW 软件适合普通爱好者。其实并不存在这样的区分。加拿大 Corel 公司开发的CorelDRAW 软件最早是为 Windows 平台开发的。究其功能来讲 CorelDRAW 软件更强大些，尤其是 Painter 软件的并入更加强了绘画、插图等功能。和 Photoshop 有着"姐妹"之称的Illustrator 软件同样最早是为 Mac OS 平台开发的，由于同为 Adobe 公司开发的"姐妹"软件，有共性是其最大的优点，界面比较统一，文件互相之间的兼容性好，缺点是两个软件相互间有依赖性。Illustrator 软件和 CorelDRAW 软件相比少了些独立处理图像的功能。由于 CorelDRAW软件是独立开发的，考虑的面比较广，图像的处理方面比较全面。因此两个软件各有千秋。笔者建议对于熟悉 Photoshop 软件的用户使用 Illustrator 软件，不太了解 Photoshop 软件的用户使用 CorelDRAW 软件。两者文件可以互相转换，不存在专业不专业的问题。本书的重点是关于形的设计，以介绍 CorelDRAW 软件为主要内容。

有些读者对于软件的版本非常在意，软件和计算机的硬件一样，更新的速度非常快，并彼此约束。往往一个版本的软件还没有用习惯，新的版本又出来了。读者不禁要问，究竟如何适应调整为最佳方案，是否应以最新的版本为最佳？本人认为，第一要以计算机的硬件是否速度够快为主要先决条件；其次以新版本的新添功能对设计者来说是否需要来决定是否使用最新版本。我们应真正掌握了该软件的内核及思维模式，版本的升级只是界面更趋于人性化、更美观，功能更强大而已，要想适应是非常容易的，最适合自己的为最好的。一味最求最新的版本只能疲于软件的熟悉过程，非设计者的最终目的。

三、图形软件 Corel 公司介绍

CorelDRAW 软件是由加拿大 Corel 公司开发的集专业的矢量插图、页面布局、照片编辑的矢量图形设计为一体的计算机辅助绘图软件。

Corel 公司成立于1985年，总部设立于加拿大渥太华，于1989年推出 CorelDRAW 1.0-12 版本，目前的版本功能更强大。其设计效果在图形设计、制作等方面均是无与伦比的。

除 CorelDRAW 主打软件外，Corel 公司旗下主要软件产品还有用于处理、编辑、增强和创建专业品质照片的 Paint Shop Pro、用于影片制作的会声会影、专门处理技术图表及文件的 Corel DESIGNER。Corel 公司还将专门提供给画家们使用的 Painter 软件进行了收购，并在原有思路基础上研制出新版本，为艺术家们开拓了艺术新天地。

第四节　数字化图形 CorelDRAW 软件的基本构成

一、CorelDRAW 软件的基本框架

打开 CorelDRAW 软件，屏幕上会出现如图 2-7 所示的主要显示界面。 它由十大部分组成：文件属性、主菜单、标准栏、工具栏、工具属性、绘图面板、控制面板（由若干部分组成，通常打开常用部分）、调色板、标尺栏和状态栏组成。

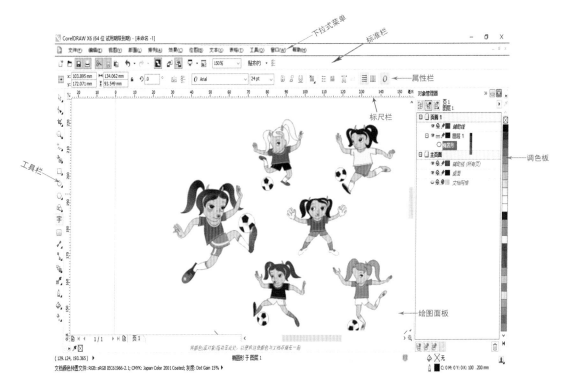

图 2-7　CorelDRAW X6 界面框架图

文件属性：显示当前运行程序名称和版本、文件的文件名及所在位置，位于界面最上端，如图 2-8 所示。

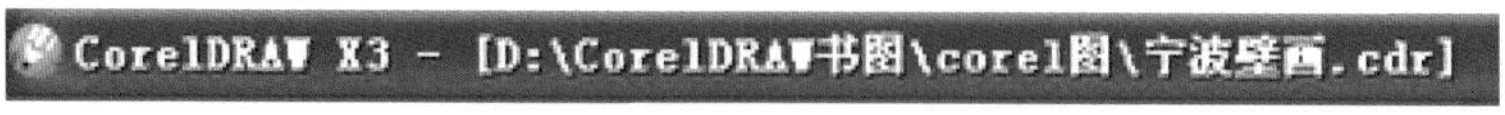
CorelDRAW X3 - [D:\CorelDRAW书图\corel图\宁波壁画.cdr]

图 2-8　文件属性栏

菜单栏：由于所有菜单为隐藏式，点击才可打开，像在饭店点菜一样，所有功能均有菜单，因此又称下拉式菜单，集成了几乎所有命令和选项，如图 2-9 所示。

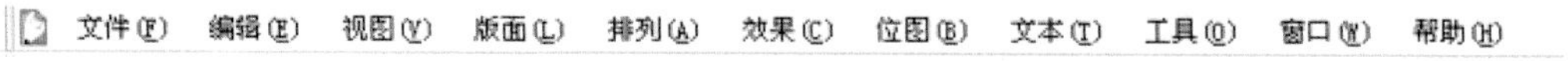
文件(F)
编辑(E)
视图(V)
版面(L)
排列(A)
效果(C)
位图(B)
文本(T)
工具(O)
窗口(W)
帮助(H)

图 2-9　菜单栏

标准栏：将最常用的菜单制成标准的可视化按钮，放置在菜单下方，便于使用，如图 2-10 所示。

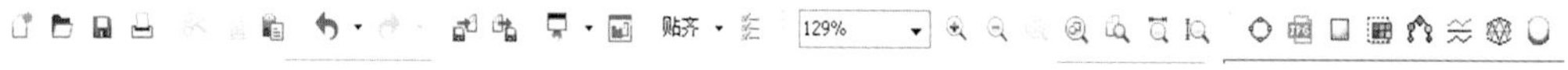
贴齐
129%

图 2-10　标准栏

工具栏：所有绘图使用的工具按钮均罗列在一个范围内，如图 2-11 所示。

工具箱

图 2-11　工具栏

工具属性：在使用每个工具时，其上的属性自然改变成使用工具的属性，便于操作，如图 2-12 所示。

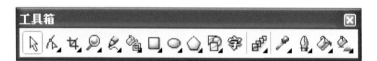

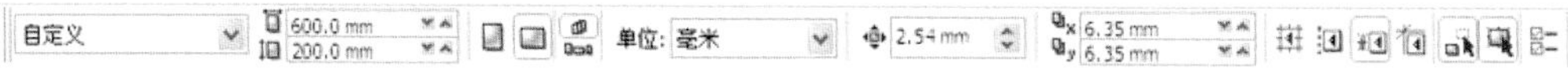
自定义
600.0 mm
200.0 mm
单位：毫米
2.54 mm
6.35 mm
6.35 mm

图 2-12　工具属性

绘图面板：用于具体设计的空间，有具体的纸张尺寸显示大小，设计时可超出图纸尺寸，但打印时不显示，如图 2-13 所示。

控制面板：可以显示软件工具菜单中所有功能（比如图层、文字等），由于受画面尺寸控制，一般不使用时尽量关闭该面板，如图 2-14 所示。

图 2-13　绘图面板

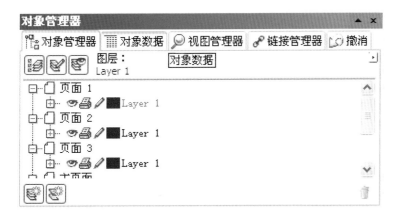

图 2-14　控制面板

调色板：用于色彩的直接填充，一般显示部分标准色，也可按设计者自己的喜好设定常用的颜色块，如图 2-15 所示。

默认：默认 CMYK 调色板
土橄榄色

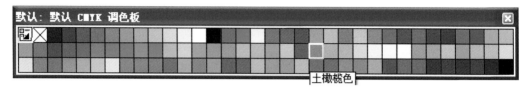

图 2-15　调色板

标尺栏：用于尺度的测量，如图 2-16 所示。

520
530
540
550
560
570
580
590
600
610
620
630
640
650

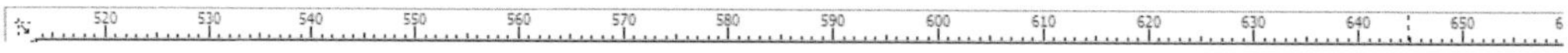

图 2-16　标尺栏

状态栏：显示鼠标所在坐标及提示快捷键的使用方法，如图 2-17 所示。

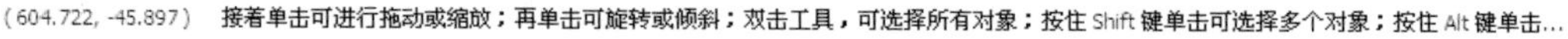

(604.722, -45.897)
接着单击可进行拖动或缩放；再单击可旋转或倾斜；双击工具，可选择所有对象；按住 Shift 键单击可选择多个对象；按住 Alt 键单击…

图 2-17　状态栏

二、CorelDRAW 软件的基本功能

该软件的扩展名为 CDR，如果是升级安装，CorelDRAW Graphics Suite X4 版本可以导入早期版本中的界面或选择其他程序界面（此功能帮助设计者选择自己熟悉的界面，便于操作）。

CorelDRAW 软件为用户提供了以下基本功能：

1. 各种基本几何体的绘制，如图 2-18 所示。

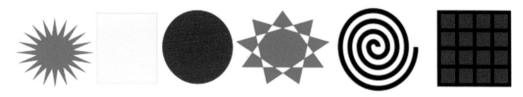

图 2-18　各种基本图形

2. 利用轮廓工具可对几何体或形状进行任意操作，如图 2-19 所示。

3. 对绘制好的封闭形状进行多样填充（可以有渐变、纹理、网络、图案、位图等效果），如图 2-20 所示。

4. 可以非常方便地对图形进行变形、旋转、拉伸、挤压、修剪、擦除、拆分、焊接、合并等操作，如图 2-21 所示。

5. 利用交互调和工具可以设计制作出三维效果，如图 2-22 所示。

6. 具有文本嵌合路径功能，即将两种不同的形状沿路径混合生成效果，如图 2-23 所示。

图 2-19　图形轮廓调整

图 2-20　各类填图效果

图 2-21　变形等操作效果

图 2-22　立体效果

图 2-23　路径效果

图 2-24　位图滤镜效果

图 2-25　位图转矢量图效果

7. 具有强大的位图处理功能（可以像 Photoshop 软件一样用滤镜处理位图）。如图 2-24 所示。

8. 具有利用 Powertrace 功能将位图转换为矢量图的强大描摹功能。如图 2-25 所示。

三、CorelDRAW 软件的基本菜单

　　和所有的应用软件一样，CorelDRAW 软件的框架构成中，其下拉式菜单中文件、编辑、视图、窗口、帮助这五大类菜单均不可或缺，属于共性菜单。所谓共性即所有的应用软件均有该项目，且功能也相似。因此在学习第一个应用软件时重点介绍，会起到事半功倍的效果。其具体的功能如图 2-26 所示。

图 2-26　CorelDRAW 软件的基本菜单功能图

当然,每个软件也有自己的特色,在CorelDRAW软件中,其自身独特部分菜单由版面、排列、效果、位图、工具、文本、表格等组成(如图2-27所示)。具体的用途及功能将在后面章节中的具体范例制作过程中详细讲解。

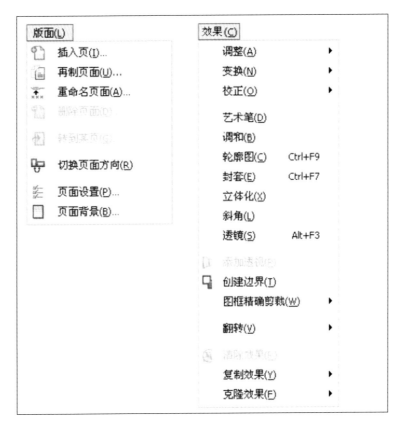

图 2-27　CorelDRAW 软件的特色菜单功能图

四、CoreIDRAW 软件工具的基本功能及操作

工具是所有软件中最主要的组成部分，其是绘制效率、功能、质量和操作时间的衡量标准。对于设计来讲，软件是否好用在很大程度上取决于工具。因此我们将用比较长的篇幅详细介绍工具的功能。CoreIDRAW 软件的工具功能十分强大，无论是形状的绘制、色彩的添加，还是交互式效果的绘制，均考虑得十分周到（如图 2-28 所示）。

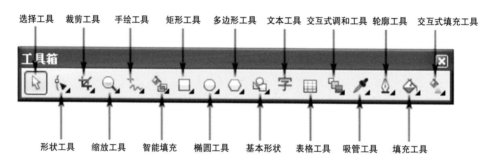

图 2-28　CoreIDRAW X4 工具箱示意

图中工具的右下角有黑色三角的工具表示还存在其他隐含功能，这点适合于所有绘图软件。

（1）**选择工具**：选择工具主要用于对形状对象进行选取，在矢量软件中，选择工具是使用最频繁的工具之一（图层在此没有向量图中重要），它可对一个或多个形状进行移动、旋转、缩放、斜切等操作。

（2）在形状工具栏中共存在四个工具：形状工具、涂抹工具、粗糙工具和自由变换工具。

形状工具：又称轮廓工具，主要是针对形状物体外轮廓的节点进行调节、变形、修改、断开、焊接等操作（利用工具属性栏可将选中节点调整为光滑，是形状的主要生成工具（快捷键为 F10）。

涂抹工具：可以像使用橡皮一样将轮廓进行涂抹变形处理（和后面的橡皮工具有异曲同工的效果，区别在于可以设置笔触压力大小、角度及斜度）。

粗糙工具：利用该工具可在形状上制作出粗糙效果。

自由变换工具：可将物体的方向或外观以鼠标点击处为中心进行变换。

（3）裁剪工具栏中有裁剪工具、刻刀工具、橡皮工具和虚拟段删除工具四种功能工具。

裁剪工具：可以将图形进行剪切（只能是可以调方向的矩形，被裁后的图形为封闭曲线）。

刻刀工具：用该工具可以将一个形状刻成若干个单独的对象，也可在形状上抠出若干形状。关键是必须在原形状的边缘处开始和结束。

橡皮工具：和前面的涂抹工具相似，区别在于笔形为圆和方两种形状（快捷键为 X）。

虚拟段删除工具：用于删除绘制过程中的虚设线。

（4）缩放工具栏中有缩放工具和手形工具两种。

缩放工具：可将绘图面板放大或缩小（图形大小不变）。有缩放到页面显示、水平显示、垂直显示、选择缩放、缩放全部对象及随意缩放等选择（快捷键为 Z）。

手形工具：用于绘制面板的平移操作（快捷键为 H）。

（5）手绘工具栏有手绘工具、贝塞尔工具、艺术笔工具、钢笔工具、折线工具、三点曲线工具、交互线连接工具和度量工具八种工具。

手绘工具：用于绘制线段，可以是任意线（按住鼠标不松手拖出需要的效果），按住 Ctrl 键绘制的直线是垂直或水平的任意相连直线（在转折点双击鼠标）（快捷键为 F5）。

贝塞尔工具：贝塞尔线的特点是每个节点均有控制手柄，用以控制曲线的曲度。

平滑贝塞尔线；控制手柄可以大小不等，方向必须相反。

对称贝塞尔线；控制手柄大小不等，方向必须相反。

尖突贝塞尔线；控制手柄大小不等，方向不相反。

由于此法由贝塞尔发明，因此得名，此方法在所有矢量绘制线段时均有效。根据本人的经验，CorelDRAW 软件在此功能的应用上最为好用。

贝塞尔工具可以绘制直线、折线、曲线、封闭曲线等，是使用率最高的绘制工具之一（起点和下一点相连时松开鼠标是直线，反之则为曲线，鼠标点击终点时自动封闭曲线，节点可以通过属性栏进行转换调节）。

艺术笔工具：由笔触预设、笔刷、喷枪、书法、压感笔五种功能可以绘制出丰富多彩的艺术图案和曲线。（快捷键为 I）。

⋈ **笔触预设**：可以模仿自然书法笔触效果设置样式（如图 2-29 所示）。

∛ **笔刷**：可绘制出不同色谱图样效果，还可将图案进行存储。

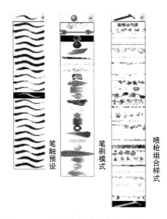

图 2-29　软件自带效果艺术画笔

⚗ **喷枪**：绘制的线将出现一系列图案、文本和位图，其疏密、多少、大小、方向均可自行设置。

⚱ **书法**：可以模仿书法效果绘制出有笔触的闭合曲线。

✒ **压感笔**：可绘制出粗细不同的封闭曲线。

⚱ **钢笔工具**：可以绘制直线、曲线、封闭曲线等。

△ **折线工具**：主要绘制折线，也可绘制曲线，双击鼠标结束绘制。

⌁ **三点曲线工具**：利用三点形成曲线，在绘制时点击起点拖动鼠标到第三点，最后确定中间点，从而形成曲线。

⌐ **交互线连线工具**：多用于流程图线的制作，可以将两条直线连在一起，也可直接绘制出三根连接线。

⫞I **度量工具**：可以自动测量并标注水平、垂直、角度和倾斜度，并可非常方便地设置比例、精度、进制等，对于绘制平面效果图非常方便。

（6）智能填充栏中提供了智能填充和智能绘图两项工具。

智能填充工具：单击封闭区域完成填充功能，可事先设定填充颜色和轮廓色。

智能绘图工具：只要绘制轮廓，系统自动转化为相应的曲线。可设置识别级别和平滑度。

（7）矩形（椭圆）工具栏中设置了矩形（椭圆）工具。

矩形（椭圆）工具：绘制矩形，在绘制过程中按住 Shift 键，以此点为中心开始绘制，按住 Ctrl 键绘制出来的是正方形或圆。（矩形工具快捷键为 F6，椭圆工具快捷键为 F7）

（8）三点矩形（三点椭圆）工具两种绘制矩形的方式。

三点矩形（三点椭圆）工具：通过绘制矩形的底边（直径）和高度决定矩形（椭圆）的绘制方法。

（9）多边形工具栏设置了多边形工具、星形工具、复杂星形工具、图纸工具和螺旋形工具五种工具。

多边形工具：具体的绘制方法与矩形工具相同，只是多了边个数的设置。也可用此法绘制圆，只是此圆的节点数可根据需要自己添加（快捷键为 Y）。

星形工具：具体的绘制方法与矩形工具相同，可任意设置星形的个数和角度。

复杂星形工具：和星形工具使用方法一样，只是绘制的星形效果不同。

图纸工具：用于绘制行和列的表格，按住 Ctrl 键绘制方形表格，可打散用于瓷砖、墙砖的绘制。（快捷键为 D）。

螺旋形工具：用于绘制对称式（间距相同）或对数式（间距渐增）螺旋线。

（10）基本形状由基本形状工具、箭头形状工具、流程图形状工具、标题形状工具和标注形状工具五种工具组成。此栏的功能不同，但使用方法一样，且 CorelDRAW 软件提供了部分样式模式。

基本形状工具：由一些基本的形状组成，绘制后起点会出现一红色菱形，可点击调整整个形状。

箭头形状工具：和基本形状工具一样，由一组基本箭头组成。

流程图形状工具：使用方法同上，由一组基本的流程图样式组成。

标题形状工具：使用方法同上，由一组基本的标题样式组成。

标注形状工具：使用方法同上，由一组基本的标注样式组成。

字 （11）**文本工具：**可以利用该工具编辑各类文字或文本，其编辑的思路与文本操作的所有规范相同。文字的操作主要在文本菜单中，可将文字矢量化，也可将文本嵌合在路径上及设定艺术文本等（快捷键为F8）。

⊞ （12）**表格工具：**CorelDRAW X4新添的功能与图纸工具相仿，专门用于表格的制作，引入了Word软件功能中表格的功能。区别是打散时为各种线组成，且可设置每个表格的线粗细不同。

（13）交互式调和工具栏由交互式调和工具、交互式轮廓工具、交互式变形工具、交互式阴影工具、交互式封套工具、交互式立体化工具和交互式透明工具组成。此栏可制作出各类不同凡响的效果。

⬚ **交互式调和工具：**此工具可将两种不同形状、不同颜色的对象渐变为一个物体，并可设置渐变密度和路径。

◎ **交互式轮廓工具：**可设置一组向内或向外辐射的同心形状。密度和颜色均可设置。

✿ **交互式变形工具：**可将具体的形状以某一点为中心进行推拉旋转变形。

▢ **交互式阴影工具：**可以模拟光源从正面、上、下、左、右等五个方向通过透视原理照射在物体上而产生的仿真阴影效果。

⬚ **交互式封套工具：**可将对象，如文字、形状等放置在另一种形状中，从而改变外形，达到设计效果。

◈ **交互式立体化工具：**可将形状通过颜色改变，创建有纵深感的三维效果表现。通过灭点可设定该物体的方向和厚度。

♟ **交互式透明工具：**可将物体设置为有方向渐变的透明效果，其形状可以是标准、线性、射线、方角、圆锥，颜色也可以是固定色、双色图样、全色图样、底纹图样和位图等效果。

（14）滴管工具栏设置了吸管工具和颜料桶工具，其功能是进行取色和填色。

✎ **滴管工具：**此工具可以在调色板、物体、位图等任何有色彩的地方取色。

◈ **颜料桶工具：**将滴管工具选取的颜色填入绘制好的封闭曲线中。

（15）轮廓工具栏设置了轮廓笔对话框、轮廓颜色对话框及不用轮廓线和设定好一组粗细不等的轮廓线。

🖋 **轮廓笔对话框**：在此对话框中针对轮廓的颜色、粗细、样式（实线、虚线等）、箭头样式（可编辑）、笔尖形状、端点样式、角度等十分全面地将轮廓的所有属性罗列其中，如图 2-30 所示（快捷键为 F12）。

　　🖋 **轮廓颜色对话框**：主要是对轮廓的颜色进行选择，在轮廓笔编辑框中也有设置。

　　✕　⊠　此两功能前者表示此形状不用轮廓，后者表示细轮廓值的设置。

　　（16）填充工具栏设置了固定色填充、渐变填充、图案填充、纹理填充、PostScript 填充、无填充及颜色泊坞窗口七大项填充项目，涵盖所有填充的强大功能。（所有的功能必须是针对封闭的形状而言）

　　■ **固定色填充**：和轮廓颜色的取色方法相同，可以使用固定颜色或自定义调色板，颜色的样式非常丰富。

　　■ **渐变填充**：渐变填充包含线性填充、辐射填充、锥形填充和方形填充四大类渐变模式，利用渐变可以实现有立体效果物体的绘制。渐变填色可以是两色或自定义随意设置设计所需的颜色、方向、角度、疏密等，如图 2-31 所示（快捷键为 F11）。

　　■ **图案填充**：包涵有双色、全色和位图三种填色方式。其中双色图案中的颜色只有两种，并且可以根据自己的需要调整。全色和位图图案在 CorelDRAW 软件自带了部分，也可将自己设计的图案载入，并可根据形状的大小调节图案的比例。

图 2-30　轮廓笔编辑框

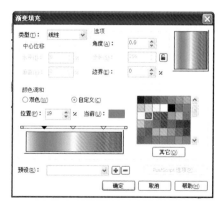

图 2-31　渐变填充对话框图样

纹理填充：该填充是随机生成图像，并可根据自己的需要对其密度、颜色、软度、亮度等进行调节，并随机生成预览。CorelDRAW 软件提供了庞大的纹理库供用户使用，可模拟云、水等自然现象。

PostScript 底纹填充：PostScript 是一种语言，PostScript 底纹就是用该语言设计出来的简称 PS 底纹。同前面的纹理填充一样，可以对纹理的大小、数目、色度等进行调整而随机生成。

无填充：顾名思义，不对物体进行填色处理。

颜色泊坞窗口：可打开颜色轮廓的控制管理窗口，便于使用，由于占用显示器的一部分，在绘制设计时一般不打开。

（17）交互式填充工具栏设置了交互式填充工具和交互式网格填充工具。

交互式填充工具：几乎涵盖了整个填充栏的所有填充功能（快捷键为 G）。

交互式网格填充工具：可将图形设置为若干可调节的网格，每个网格的交叉节点处可以单独填上颜色，向下一节点处渐变。用此方法可以处理制作出独特的晕色效果（快捷键为 M）。

以上是 CorelDRAW 软件工具栏功能的简单介绍，具体的使用方法将在后面的案例设计过程中边操作边详细讲解。

第五节 CorelDRAW 软件初始工作状态设定

在开始制作设计前，将工作区设置为自己习惯或常用的样式，便于后面工作的完成。任何软件工作区的内容均可自行设置，当然大多数使用者使用软件本身提供的缺省效果。具体的设计，首先要考虑的是该作品的尺寸，尽管矢量图效果不受分辨率的大小影响，新建文件的首要工作仍然是完成页面设置。

该项工作的调整在菜单栏"工具→选项"中，如图 2-32 所示。

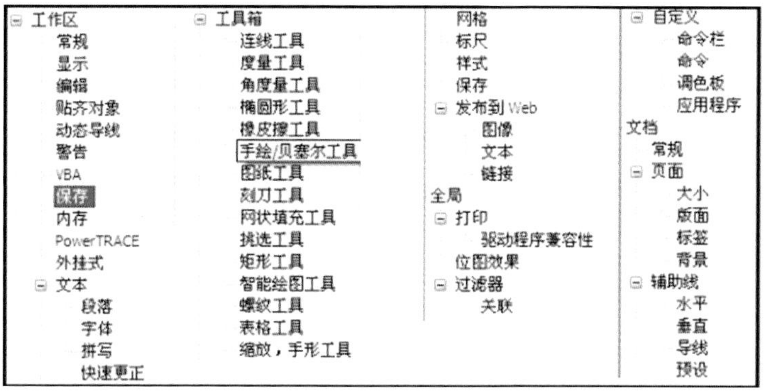

图 2-32　工作区域设定

从图中可以得出 CorelDRAW 软件的工作区、文本、工具箱、全局、自定义和文档的属性均可根据需要自行设置。

（1）工作区通常为文件的基本工作状态，其具体内容如下：

常规——最常用的有撤销次数设定（根据计算机的内存大小设定，缺省值为 20 次）、渲染分辨率值（缺省值为 300DPI）、启动 CorelDRAW 软件时状态等。

显示——最主要渐变步长设置为 256 步，及鼠标滚动时为缩放效果，预览使用增强视图效果灯。

编辑——主要绘图精度设置和角度限制。

贴齐对象——贴齐对象的选择（节点、交集、中点等，快捷键为 Alt+Z)。

动态导线——动态导线角度的设定，一般为 0°、45°、90°、135°等。

警告——在文件操作过程中出现超出规范内容时提出警告，提醒用户。

VBA——文件安全级别设置。

保存——设置自动保存时间，及时做备份，以防因突发事件文件丢失。

内存——设置内存使用的百分比。

PowerTRACE——矢量描摹精度及位图模式设定。

外挂——设置外挂文件夹路径。

文本——对文本段落、字体、拼写及快速更正操作的设定。

工具箱——对所有上面介绍的工具属性进行设定。

自定义——主要显示打开的命令栏外观、命令（常规、快捷键、外观等设置）、调色板位置设置及应用程序的使用。

（2）文档，为文件的操作界面的工作状态。具体内容为：

常规——打开文件视图显示标准等。

页面——新建文件的文稿页面的尺寸、版面、标签和背景的设置。

辅助线——辅助线是设计过程中不可缺少的辅助功能，将鼠标移到标尺上可拉出垂直或水平线，也可设置任何角度的导线。该项目可设置辅助线的颜色和角度等。

网格——在临摹位图或制作精度非常高的图纸时需要用到此项，平时基本上不用，此项为具体的网格间距、频率设定。

标尺——此项为制作工作中不可缺少的工具，对于标尺的单位、精度、比例等，不同的设计要求是不相同的，在开始绘制文件时就需要设定。

样式——新建文件伊始，将文字、填色、轮廓的缺省值根据需要进行设定，便于提高工作效率。

保存——文件属性在保存时的设定。如保存时优化处理、调和和立体保存、底纹等处理效果。

发布到 Web——可将制作好的文件直接发布到网络上，但文件发布只能以图像的方式导出（有三种扩展名 JPG、GIF、PNG 等），也可是文本的方式及直接链接（链接方式和下画线的色彩等功能设定）。

（3）全局，为完成设计的输出设置。其功能为：

打印——打印是文件输出显示的一种方式，此项需要根据打印机的种类进行设定。

位图效果——显示位图的方式，可选择全屏、只看结果和上次使用的效果等。

过滤器——可对文件的类型进行选择。可以是位图类型选择、矢量图类型选择、文本类型选择和动画类型选择等，完成该软件向其他软件的过渡设置。

前面对 CorelDRAW 软件进行了大概的介绍，具体的功能使用方法将在后面具体的设计范例中进行解析。

第三章　数字化标志设计与制作技法表现

标志设计分类

标志的作用

标志的设计制作范例

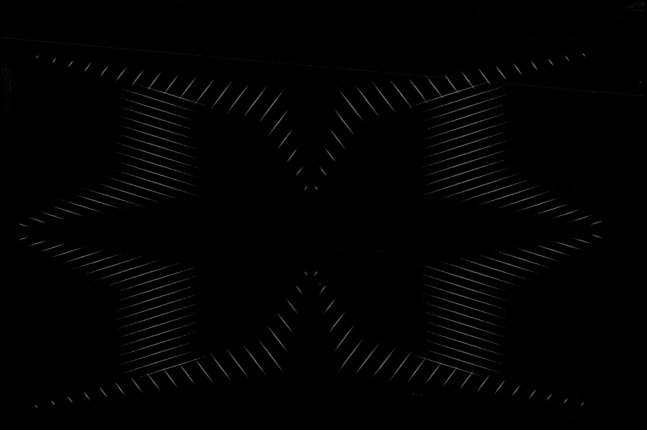

标志是一种具有象征性的大众传播符号，它以精练的形象表达一定的含义，并借助人们的符号识别、联想等思维能力，传达特定的信息，被广泛用于企业形象设计。

一个企业的形象主要由产品形象、环境形象、职工形象、企业家形象、公共关系形象、社会形象、总体形象等方面组成，简称 CI， CI 是英文 Corporate Indentification 的缩写，即企业识别系统。它由企业理念识别（Mind Identity，简称 MI）、行为识别（Behaviour Identity， 简称 BI）和视觉识别（Visual Identity，简称 VI）三个部分构成。CI 具备了企业的管理、识别、协调、应变、传播和文化教育等功能。因此但凡一个具有一定规模的企业必有自己的一套成功的 CI。CI 设计是企业经营理念与精神文化的体现，它将运用整体传达系统将讯息传递给企业内部和大众。

在 CI 设计最主要部分是企业的标志。曾有人断言："即使一把火把可口可乐的所有资产烧光，可口可乐凭着其商标，就能重新站立起来。"由此可见标志的含金量有多高。

第一节　标志设计分类

标志（logo）是表明事物特征的记号，一般以单纯、显著、易识别的物象、图形或文字符号为直观语言，表示、代替企业的情感、意义和指令行动等。标志承载着企业的无形资产，是企业综合信息传递的媒介，极具美感和视觉震撼力的标志给企业带来的回报是不可低估的。

标志按其不同性质可分为品质标志、数量标志、属性特征标志，按标志变异情况可分为不变标志和可变标志，按标志基本构成可分为文字标志、图形标志、图文组合标志等。标志大部分为二维设计，当然也有三维的表现。

标志设计中常用的表现手法有表象手法、象征手法、寓意手法、模拟手法、视感手法等。

一、表象手法

表象手法是指采用直接明了、易于理解和记忆的关联特征的形象设计标志。如出版业以书的形象、银行以钱币的形象为标志等，具体如图3-1、图3-2所示。

图3-1　中国银行标志

图3-2　江苏人民出版社标志

二、象征手法

象征手法是指采用与标志内容有一定联系的图形、文字、符号、色彩等，以比喻、形容等方式象征标志对象的抽象内涵。如鸽子象征和平、白色象征纯洁、绿色象征生命等表现手法，如图3-3所示。

三、寓意手法

寓意手法是指采用与标志含义相近或相似或具有寓意的形象，以影射或示意的方式表现标志的内容和特点等。如伞表示防潮、玻璃杯表示易碎、箭头表示方向等，这些属于公共标志范围，如图3-4、图3-5所示。

图3-3 文化和平节标志

图3-4 禁止喧哗标志

图3-5 紧急求救电话标志

四、模拟手法

模拟手法是指用特征相近事物形象模仿或比拟所标志对象特征或含义的手法。如凤凰展翅表示飞翔和祥瑞、奔跑人形象表示快递公司等，如图3-6、图3-7所示。

五、视感手法

视感手法是指采用无特殊含义的简洁而形象独特的抽象图形、文字或符号等设计的标志，具有强烈的视觉感染力。如大众汽车标志W代表英文第一个字、耐克标志表示运动等，如图3-8、图3-9所示。

图3-6　中国国际航空标志

图3-7　EMS快递公司标志

图3-8　大众汽车标志

图3-9　耐克运动品牌系列标志

第二节　标志的作用

标志是企业文化、理念、精神凝聚的灵魂。标志、徽标、商标是现代经济的产物，现代标志在企业的 CI（即企业形象识别系统）战略中居于最主要地位，在企业形象传递过程中，是应用最广泛、出现频率最高，同时也是最关键的元素。企业强大的整体实力、完善的管理机制、优质的产品和服务都被涵盖于标志中，通过不断的刺激和反复刻画，深深地留在受众心中，是企业日常经营活动、广告宣传、文化建设、对外交流必不可少的元素，随着企业的成长，其价值也不断增长。如果标志没有能客观反映企业精神、产业特点，等企业发展起来，再做变化调整，将对企业造成不必要的浪费和损失。中国银行进行标志变更后，仅全国拆除更换的户外宣传媒体就造成直接损失 2 000 万元。

企业建立伊始，首先要设计自己的标志，将具体的事物、事件、场景和抽象的精神、理念、方向通过特殊的图形固定下来，使人们在看到标志的同时，自然地产生联想，从而对企业产生认同。由此可见标志设计的重要性。

一、标志设计的规律

每件事物的设计均有具体的模式和规律可循，不同的历史时代有不同的特色，不同的国度也有不同的文化内涵。通过标志的设计，企业创造了自身的视觉和秩序。

在标志的设计中，图形设计象征着一定的寓意，有一定的代表意义，具体见表 3-1、表 3-2。

表 3-1　外国常见图形的象征意义

图形	象征	图形	象征
树	生命	星辰	至高无上
皇冠	荣誉、高贵	太阳	最高神
飞鸟	神的力量	十字架	神权受难和赎罪
海豚	复活和救世	球	宇宙
钥匙	神圣	羊	基督
贝壳	基督教巡礼	橄榄枝和和平鸽	和平
人面狮身	权力	狮子	力量和权力
蛇	罪恶	玫瑰	美丽和爱情
猫头鹰	智慧	圆圈	团结和联合

表3-2　中国常见图形的象征意义

图形	象征	图形	象征
龙	王权和吉利	蝴蝶	爱情
龙凤	吉祥和爱情	蝙蝠	幸福
茶花	爱情	鱼	富有
青松	长寿	竹	坚贞
梅花	坚强	麒麟	多子多孙
喜鹊	吉利和喜事	仙鹤和龟	长寿
狮子	喜庆	牡丹	富贵

在标志的设计中，色彩也有一定的象征寓意，如表3-3所示。

表3-3　色彩的象征意义

色彩	象征意义
红	喜悦、热情、爱情、温暖、危险、火、血、野蛮等
橙	元气、跳跃、温情、喜乐、快乐、活泼、积极、忍耐等
黄	希望、愉快、光明、和平、名誉、忠诚、发展等
绿	安息、安慰、平静、理想、青春、纯情、新鲜、安全等
青	沉静、沉着、深远、悠久、寂寞、理智、消极等
蓝	宽容、理性、自律、礼貌、权威、稳定、永恒等
紫	优美、神秘、不安、永远、高贵、温厚、幽婉、优雅、权威等
白	喜欢、明快、洁白、纯洁、神圣、清楚、真诚、柔弱、信仰等
灰	沉默、失望、寂寞、病、老、中庸、中立等
黑	悲哀、绝望、不正、严肃、罪恶、坚实、黑暗等

在具体的设计过程中，除了要符合用户企业的形似、寓意、意图等外，颜色、形状也要符合普遍认同的模式及各国的风情。

利用计算机完成的数字图形，在其操作中有独到的优势。利用计算机的复制、粘贴、对齐、缩放、记忆等功能，可以非常方便地完成点、线、面的设计，完成渐变、重复、近似、骨骼、发射、特异、对比、密集、肌理、打散、韵律、分割等构成设计。

二、数字化标志设计模式、原则和步骤

标志设计模式

标志在我们的生活中随处可见，从表面上看，它可能由一个简单的几何图形，或是一个字母，或是具象的图案构成。尽管它寥寥几笔，但却凝聚着设计师的心血和巧妙构思，传递着品牌的行业特征和文化内涵等要素。标志本身具备的传播力与影响力不可忽视，如苹果、微软、可口可乐、耐克等优秀的标志已成为一种文化性符号，给人们留下了深刻的印象。

标志的概念与类型

标志，英文名为"logo"，是指由文字或图形组成的信息传播符号，对于设计对象所要表达的精神理念和文化内涵以特定的图形符号进行视觉表现，进一步传达给受众。标志不像语言具有地域性，它更具流通性，可以在世界各国和地区之间流通和传播。

标志多种多样，分类的方式不同，划分的结果也就不同。根据表现方式的不同，标志可分为图形类、文字类、文字与图形相结合类，如图 3-10、图 3-11、图 3-12 所示。

根据造型的不同，标志又可分为具象类、抽象类、具象与抽象相结合类，如图 3-13、图 3-14、图 3-15 所示。根据应用目的和功能的不同，标志又可分为商业用类和非商业用类，其中商业用类是指商标，非商业用类是指国徽、会议会徽、运动会会徽等，如图 3-16、图 3-17 所示。

标志设计的原则

在设计标志时，光考虑外观美还不够，还需设计角度新颖独特，含义的传达能够深刻准确等，与品牌本身相联系的同时又与其他品牌区分开，从而树立自身的品牌特色。这就要求我们在设计过程中遵循以下原则：

首先是识别性。标志是一个企业的形象，公众是通过企业标志从而了解企业文化的。这就要求标志的设计必须具备识别性，能将自身的行业特征、产品定位、企业文化等因素表现出来，并准确无误地传达给消费者，给消费者留下深刻的印象。

其次是审美性。标志的构成元素有图形、文字和色彩，方寸之间，寥寥几笔，想要创造出优秀的标志，这就需要我们运用形式美法则，也就是常说的"节奏与韵律、对称与均衡、对比与调和、比例与分割"法则，坚持简洁、大方、富有情感的前提，对标志的造型、构图、色彩等元素进行合理安排，保证最后呈现出的标志具有审美性和实用性，为公众带来视觉上的愉悦感。

图 3-10　图形类 logo

SIEMENS
西门子

图 3-11　文字类 logo

图 3-12　文字与图形相结合类 logo

图 3-13　具象类 logo

图 3-14　抽象类 logo

图 3-15　具象与抽象相结合类 logo

图 3-16　商业用类 logo

图 3-17　非商业用类 logo

最后是原创性。一个优秀的标志设计者只具备审美性、识别性、实用性还是不够的，它还应该是独一无二的，不存在抄袭雷同现象。标志设计出来就会推向市场，进一步应用与传播，如果出现抄袭现象，对于企业形象是十分致命的打击。这就要求我们设计标志时不能盲目跟风、照搬其他品牌的元素，这样堆砌出来的标志作品将是毫无创意和意义的。

标志设计步骤

标志设计在许多人的印象中，也许就是画几个图形、几条线段。其实它并非如此简单，最后视觉呈现出来的图形都是经过一定的分析和推敲所得。标志设计主要有以下几个步骤：

调研分析：调研是标志设计的第一步，也是非常重要的一步，调研分析工作做得充分细致，会为接下来的工作流程做一个良好的铺垫，有利于设计工作的展开。标志设计属于企业定制，这就需要设计师做好深入沟通和调查的准备。调研工作可以围绕企业的行业特点、产品调查、经营的目标与理念、客户设计要求等方面展开，与客户进行有效的沟通，了解其思想与需要，为之后的设计工作展开做准备。

要素挖掘：经过第一步的调研工作，掌握了充足的设计资料，这便有利于我们提取有用的设计信息，进一步挖掘并转化成设计元素。设计一个标志作品，我们有时候会感觉无从下手，到底是选择图形还是文字，抽象与具象哪个表现方式更好？其实没有哪种方式是绝对最佳的。我们可以从不同的角度提取不同的关键词，围绕关键词以不同的方式进行形象要素的挖掘和表现，再从中选择最合适的。

形象要素挖掘可以从以下几个角度展开（图 3-18 至图 3-24 分别为其中典型案例）：

① 采用全名称表现。这种方式简单直接，是近几年来设计的趋势，通常适合名称比较短的品牌，图 3-18 三星标志就采用了这一手法。

② 以字首表现。从品牌名称中提取首字或首字母作为设计的元素，这时候图形感强的文字就会有很大的表现空间，在造型上更显生动形象，图 3-19 中国邮政便是围绕汉字"中"进行设计的。

③ 文字与图形相结合表现。可以选择品牌的首字或首字母与图形相结合，因为图文相结合的形式更能直观形象地传达品牌特色，图 3-20 体现了品牌名称和火焰图形的巧妙结合。

④ 名称的含义和联想表现。我们可以根据品牌的名称进行发散联想，将其转化成某一个图形，如图 3-21 所示，围绕品牌樱花进行联想衍生出樱花的图形设计。

⑤ 行业特性和产品内容表现。图 3-22 是中国银行的标志，采用了古代货币的形象与"中"字进行了结合，既体现了中国银行的首字"中"，又表现出银行这一行业特征。每个品牌都有自身的行业性，标志设计中可以融入行业特征和产品元素，让公众对品牌的行业特征和产品一目了然，具有准确的识别性。

图 3-18　全名称表现 logo

图 3-19　字首表现 logo

图 3-20　文字与图形相结合 logo

图 3-21　名称的含义和联想 logo

图 3-22　体现行业特性 logo

图 3-23　体现企业文化或经营理念 logo

⑥ 企业文化或经营理念类表现。企业文化理念是一个企业独具的，属于抽象概念，可以通过一定的图形符号与色彩以象征的手法去表现，传递企业文化与价值观。图 3-23 为宝马公司的标志，蓝白相间的图案代表蓝天、白云和旋转不停的螺旋桨，喻示宝马公司悠久的历史，象征该公司过去在航空发动机技术方面的领先地位，又象征公司一贯的宗旨和目标：在广阔的时空中，以先进的精湛技术、最新的观念，满足顾客的最大愿望，反映了公司蓬勃向上的气势和日新月异的新面貌。

图 3-24　体现传统历史 logo

⑦ 传统历史或地理特色表现。每个国家和民族都有不同的历史文化，图 3-24 北京奥运会的标志上面是一方中国之印，印中一个运动员在向前奔跑、迎接胜利的图案。图案又像汉字"京"字，代表着奥运会举办地北京。下半部分是用毛笔书写的"Beijing 2008"和奥运五环的标志，不仅表明了奥运会的地点和时间，也将奥林匹克的精神与中国传统文化完美地结合起来。所以，设计标志时我们应考虑到不同的语境，避免出现文化上的误解，通过传统历史或地理特色进行表现，可以加深品牌的历史文化感和人们的认同感。

设计制作：设计要素挖掘后，我们便可进行草图的绘制，绘制草图的过程也是灵感被激发的过程，好的想法和灵感都可以记录下来，通过一步步草图进行完善，与客户反复讨论选出最合适的方案进行细化、修正。然后便是按照规范化的方式进行制图，确定色彩应用数值、标志尺寸比例等，规范化的目的是以便在多个场景应用与传播。

标志改良：标志设计完成后会被推向市场，随着时代的发展，标志难免会有不符合时代审美标准的时候。因此，大多数公司会在原来的基础上进行改良，使标志更精致、更具时代性。标志改良一般分三个方向：标志微调、标志改良、重新设计。

第三节　标志的设计制作范例

一、江苏联环药业集团标志的设计

标志范例一：分析与制作

该案例为江苏联环药业集团设计的九连环标志。标志立意为连环，九为数值之首，九个环连成一菱形，有圆为天、方为地之意（如图3-25所示）。

使用功能：椭圆形工具、矩形工具、造型工具、轮廓工具、选择工具、复制功能、粘贴功能、辅助线对齐、填色功能、顺序调节、缩放功能、对齐调节等。

表现技法：关键是利用造型工具中的移除前面对象，制作圆环，利用辅助线将九个圆环放置于不同位置。

具体的制作方法为：

（1）打开CorelDRAW软件，新建文件，并在版面的正中间拉垂直水平辅助线各一条，在交叉点上绘制一个圆（选择椭圆工具，同时按住Ctrl键），任意大小（便于操作），用选择工具选中该圆，进行复制再粘贴，此时有两个一样的圆，按住Shift键，在圆的任何一处移动鼠标（缩放），将该圆缩小到原来的75%（在属性栏中有显示），填上任意色，此时为两个同心圆，如图3-26所示。

图3-25　江苏联环药业集团标志

图3-26　同心圆环

（2）利用移除前面对象功能（将两圆同时选中，在属性栏中将出现该功能）将两同心圆进行结合处理，得到一圆环（如图3-27所示）。

（3）利用复制工具复制四个圆，并粘贴移动到如图的位置，利用辅助线对齐（如图3-28所示）。

（4）再利用复制工具复制四个圆，利用辅助线粘贴到如图3-29所示的位置，并将所有的圆利用焊接功能进行焊接，形成完整的九个圆环相连接的效果（如图3-29所示）。

（5）利用矩形工具绘制一正方形（选择矩形工具，同时按住Ctrl键），并利用形状工具在正方形的任意角拖动，可调出圆角的正方形（属性栏中角度为20°），填上蓝色，此色为联环药业的标准色（如图3-30所示）。

注：在CorelDRAW软件中，所有用工具直接绘制的图形在用轮廓工具调节某节点时，所有的节点均同时改变，只有利用排列菜单中的转换为曲线功能后（快捷键为Ctrl+Q），方可单个节点变动。

（6）选择九连环图，点击调色板中的白色，将轮廓设置为无，加选正方形（点选的同时按住Shift键），选择菜单中排列/对齐与分布/对齐工具中的水平垂直居中对齐，再单选九连环图，利用菜单中排列/顺序/到图层前面，将九连环图调到正方形的前面，将正方形缩放到边距为圆环宽度的2.5倍（按住Shift键，缩放规律是从中间向四周等比例缩放），至此大功告成，出现图3-25所示的江苏联环药业集团标志。

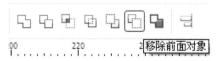

图3-27　图形结合工具

图3-28　五环的位置

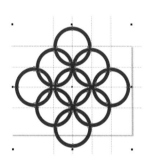

图3-29　九环效果

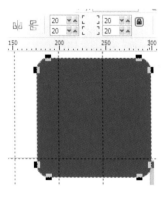

图3-30　圆角矩形

二、江苏联环药业集团标志印章设计

标志范例二：分析与制作

在范例一的基础上制作江苏联环药业集团的印章图案，如图 3-31 所示。

使用功能：与标志制作的不同之处在于使用了"使文本适合路径"功能。

表现技法：使用 CorelDRAW 软件中的"使文本适合路径"功能可以非常方便地根据路径调整文本的位置，使之表现为各种不同的样式。和其他矢量软件相比，其优势在于可任意调整文本与路径的距离、方向、位置等。

具体的制作方法为：

（1）在新建文件中，与上例相同，制作两同心圆，外圆为白色填充，内圆为标志的蓝色，并将白色的九连环标志与内圆对齐（如图 3-32 所示）。

注：在 CorelDRAW 软件中填上与其他对象相同的颜色的简便方法是，首先选择要填充的对象，再加选已有颜色的对象，使用颜料工具桶便可。比较可行的方法是记住颜色的各项参数（如 RGB 或 CMYK 等参数值）。

图 3-31　江苏联环药业集团印章图样

图 3-32　与标志同心圆

（2）将外圆再制（快捷键为 Ctrl+D），此法可以直接复制出另一个，不重叠。将复制的矢量外圆移动到空白处，选择工具栏中 工具，在圆被选择的前提下，在鼠标的下方会出现 符号，此时文字适合路径，输入的文字将形成圆形，输入文字后，CorelDRAW软件可以非常方便地对字体的起始点、与路径的距离、放置模式等进行调节（笔者认为此功能，该软件最合理），如图 3-33 所示。

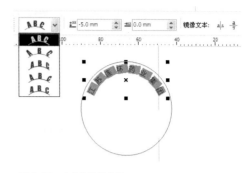

图 3-33　文字绕路径效果

（3）同样的方法输入下方的英文字得出图 3-34。

注：具体的文字间距、大小的调节在菜单 / 文本 / 字符格式化中。

（4）将图 3-34 与图 3-32 分别群组，后中心对齐，再将图 3-32 调至图层最上端得出图 3-31 的效果。

三、奔驰轿车标志

标志范例三：分析与制作

众所周知的奔驰汽车标志是世界十大著名商标之一（如图 3-35 所示），圆环中的三叉星作为轿车的标志，象征着陆上、水上和空中的机械化。该标志简洁明了，制作起来也比较方便。

图 3-34　印章文字效果

图 3-35　奔驰标志

使用功能：椭圆形工具、多边形工具（也可以是星形工具）、造型工具、轮廓工具、渐变填充工具、交互式填充工具、贝塞尔工具、选择工具、辅助线对齐、填色功能、旋转复制功能、对齐调节（水平居中对齐快捷键为 E，垂直居中对齐快捷键为 C) 等。

表现技法：关键是利用渐变填充工具及交互式填充工具绘制出不同的圆环高光部分，利用轮廓工具将多边形调节出三叉星效果，再利用贝塞尔工具绘制出一个三角形，填上不同的颜色，对称复制、群组并旋转复制出三叉星效果。

具体制作方法为：

（1）在新建文件中，首先和范例一一样，拉出两根相互垂直的辅助线，以中心点为圆心绘制同心圆环，利用渐变填色填上射线，这为内圆环，再用同样的方法绘制出外圆环。区别是渐变的色彩过渡，内圆环为黑白过渡，外圆环为白黑过渡，利用交互式填充工具可以调出理想的效果（如图 3-36），最终效果如图 3-37 所示。

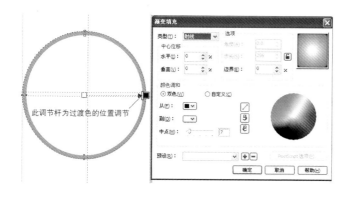

图 3-36　渐变填色

图 3-37　圆环渐变填色

（2）利用多边形工具 ⬡ ，将边数设置为三边，在中心点配合 Shift 键和 Ctrl 键以中心向四周绘制正三边形，利用轮廓工具将正三边形调节为三叉星形，如图 3-38 所示。

（3）以三叉星形的六分之一的外形为基础，用贝塞尔工具绘制一三角形（如图 3-39），并水平镜像应用到再制，移动到对齐的另一边（如图 3-40）。

（4）将两个三角形分别填上两种不同的灰色，群组后，用旋转工具旋转 120°，移动到相应位置，再旋转 240° 应用到再制，即完成图 3-35 所示的奔驰标志的三维制作。

图 3-38　三角形

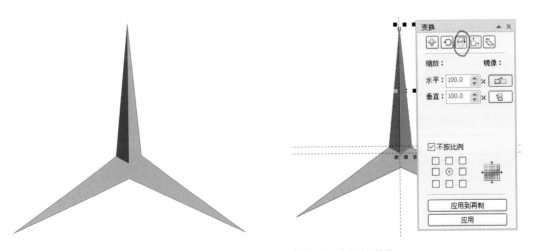

图 3-39　棱锥体效果　　　　　　　　　　　　图 3-40　水平镜像效果

四、中电力控企业的标志设计

标志范例四：分析与制作

中电力控企业的标志，取其单位名称英文字母的缩写中电力控（CEPC）为基本元素，其中 CEP 被 C 包围，内部形成指向，标志象征着企业紧密团结，围绕着该企业以科技为先导、以品质为根本的生产理念，如图 3-41 所示。

使用功能：椭圆形工具、造型工具、形状工具、文字工具、选择工具、辅助线对齐、填色功能、对齐调节等。

表现技法：关键是形状工具的应用（此工具为所有形状的基本制作工具，必须熟练掌握）。前提是需要将文字转换为曲线，并打散调节。

（1）在新建文件中利用文字工具　字　选择比较接近一点的 Arial 字体写 CEP 三个字，选择菜单 / 排列 / 转换为曲线，再选择菜单 / 排列 / 打散曲线，如图 3-42 所示。

图 3-41　中电力控标志

图 3-42　文字的调节

加点 减点 两点焊接 两点断开 直线 曲线　　尖突 平滑 对称

图 3-43　形状调节工具

注：将所有的形状均独立出来，此案例中，只有 P 字母中有分别，中间的空心部分将被独立为一个圆，分别调节到位后，再进行造型运算处理。

（2）用形状工具 ⌕ 调节各个节点，形状工具具体调节功能如图 3-43 所示。

注：在调节过程中，节点数越少，能要求的曲线的曲度越好。

（3）各个曲线分别调整，并达到图 3-44 所示要求。

（4）绘制一椭圆，放于图层的底层，将图 3-44 放在椭圆的上面，缩放椭圆相应的大小，调节到最佳效果，并填充为白色，将所有图片均选中，选择菜单 / 造型 / 简化，使之合为一个整体。蓝色为该企业的标准色，填上企业标准色，如图 3-45 所示。

（5）在标志的下方用 Arial 字体写 CEPC 四个字，调节合适的大小与间距，并放于合适的位置即完成图 3-41 的标志设计制作。

注：该标志的要点在于文字的曲线调整。

图 3-44　调节后效果　　　　　　　　　图 3-45　绘制完成的标志

五、中电力控标志印章设计

标志范例五：分析与制作

前面的范例均为平面的设计，接下来讲一下立体的字母图形化的标志。以上例 CEPC 企业标志中CE 为基本元素绘制三维标志造型，如图 3-46 所示。

使用功能：文字工具、形状工具、贝塞尔工具、造型工具、选择工具、辅助线对齐、填色功能、对齐调节等。

表现技法：关键是应用轮廓工具调整文字使之图形化，利用旋转变形工具使之具有透视效果，再用贝塞尔工具绘制标志厚度质感。

（1）在新建的文件中用文字工具写入大写的 CE（一般标志的文字的字体有自己的特点，宜选择比较厚重一些的），选择 Arial Black 字体，如图 3-47 所示。

（2）选择文字，选择菜单 / 排列 / 转换为曲线（快捷键为 Ctrl+Q），此时文字的属性变为曲线，并将曲线打散（菜单 / 排列 / 打散曲线），利用轮廓工具 ✎ ⟍ ⟍ ⟍，选择 C 字母，将所有的节点框选，在属性栏中点选将曲线变为直线工具，调整 C 如图 3-48 所示（此例中的 E 正好不调整）。

图 3-47　文字的选择

图 3-46　三维标志造型

图 3-48　将 C 调整为方形

（3）下面的工作是要调整 CE 元素的圆弧角，在 C 的一角绘制圆形和正方形，如图 3-49 所示。

（4）利用相减的原理得出四个圆弧角（选择菜单／排列／造型／造形，修剪，先选择圆，再保留对象，勾选来源对象，选择修剪，点击黄色的正方形，并将圆删除，得出四个圆弧角。选择菜单／排列／打散曲线，将一体的四个圆弧角分为独立的），如图 3-50 所示。

（5）将四个圆弧角再应用到各个需要修剪的部位，同前选择菜单／排列／造型／造形，修剪，如图 3-51 所示。

（6）修剪过的效果如图 3-52 所示。

图 3-49　圆和方

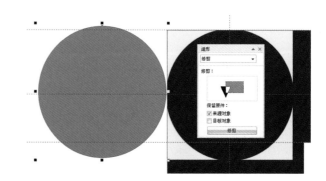

图 3-50　图形相减

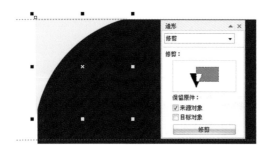

图 3-51　具体的修剪

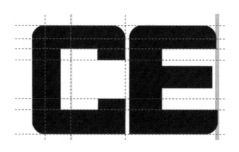

图 3-52　修剪圆角效果

注：修剪时黄色的圆角弧部分一定要略大于被剪部分，才能剪彻底。

（7）将 C 和 E 并拢，选择渐变水平填色，由蓝色向白色过渡。选择菜单 / 排列 / 变换 / 倾斜工具，C 字母垂直倾斜 -30°，E 字母垂直倾斜 30°，得出如图 3-53 的效果。

（8）选择贝塞尔工具，先沿 C 字母顶端绘制一直线，移至对面，作为顶端的残存、参照线，同理在 E 端绘制一直线，移至对面，作为顶端的残存、参照线。在两字母顶端绘制一圆角的正方形，同样，将参考线复制，再用贝塞尔工具绘制小一点的正方形，选择顶端的两个正方形，在造型菜单中取移除前面的对象，得出如图 3-54 所示的效果。删除不必要的参考线。

（9）利用贝塞尔工具分别绘制出相应的厚度质感效果，如图 3-55 所示。

（10）C 和 E 的内部均为直角，稍显生硬，在直角处的附近添加两节点，利用形状工具转换为曲线，去除直角点，具体操作如图 3-56 所示。

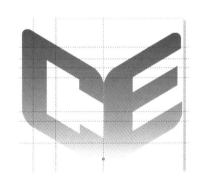

图 3-53 字母倾斜渐变效果

图 3-54 顶端效果

图 3-55 增加厚度效果

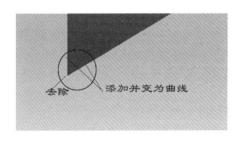

图 3-56 直角的调整

图 3-57　立体效果

（11）在造型的中间加上色彩艳丽的立方体，如图 3-57 所示。

注：在绘制完立方体后，调节物体的前后关系，有一小部分需要单独添加才可盖于前端，如图中的蓝色部分。

（12）将制作好的造型全选，群组，选择菜单 / 排列 / 变换中垂直镜像，应用到再制，复制一倒影造型，选择交互式透明工具 　，将作为倒影的造型进行透明处理，并水平倾斜 20°。选择矩形工具，绘制一矩形，放置于页面后面，填上灰白渐变，作为背景，达到图 3-46 所示的效果。

注：前面的范例，除奔驰标志外，其余的四例标志均为作者本人、或与他人合作设计的并被甲方采纳使用的标志作品。

总结：本章的重点在于视觉传达，其中特意安排了三维效果标志的制作流程。关键是设计理念比较重要，真正绘制制作就比较容易了，几乎可以肯定的说没有绘制不出来的效果，计算机的使用只能将在手工绘制基础上更趋完美。

第四章 数字化产品造型设计与制作技法展示

从 20 世纪 80 年代起，中国的产品设计进入了蓬勃发展阶段，被推向了炫目的新高度。如今展览、媒体报道、产品展示，甚至出版物均遵循着设计原则。传统产品的概念在不断地变化，设计师们关注的不仅仅是硬件（指物体本身），也将注意力转移到软件（包括操作界面和使用环境等）。

"设计"一词直译为图画或草图。所谓工业产品设计，就是由人设想的为实现某物而做的方案或计划、艺术作品的最初图绘的草稿及规范应用艺术思维制作完成的草图。

第一节　产品造型设计

　　"工业设计"的概念最早始于 1948 年，由马特·斯坦首次提出。好的产品设计，不是包装技术，它必须将各类产品的特性用适当的造型手法表达出来，必须将产品的功能及操作简单明了地呈现出来，必须展现产品的科技发展最新状况，必须对生态、节能、回收、耐用性及人体工学等问题予以考虑，必须将人与物的关系当作造型的首要出发点。设计师的任务就是运用自然科学的知识与法则去创造物质文明，它几乎涉及人类生活、生产的全部方面，以最大限度地适合社会的需求，改变人们的生活方式，提高人们的生活质量。

一、产品造型的意义

　　产品设计指根据设计思维，以绘图、草图、模型或样品的方式来创造一个物品，并扩展到生产及销售中，由用户评价。

　　产品的造型设计是以产品设计为核心而展开的系统形象设计，担负着塑造和传播企业形象、显示企业个性、创造企业品牌的重任。要想在激烈的市场竞争中立于不败之地，产品的造型起着举足轻重的作用。

　　造型设计通过造型、色彩、表面装饰和材料的运用，配合人体工程，从而实现工程技术与美学艺术和谐统一。例如苹果公司的产品造型设计堪称精品设计，这也是该产品在同类产品中价高而货俏的原因之一。

　　产品的设计需要设计师提出各种不同的构思和设想，寻求满意的设计目标、方案、参数、结构等，在信息反馈（或迭代）、交流的过程中综合权衡各方面因素，寻求相对满意的结果。

　　在市场经济化的今天，产品造型设计师的使命是通过设计提高产品的附加值。这时突出的不是产品的机能，而是设计的价值。在市场上商品是凭借本身符合流行趋势的信息使消费者购买的。产品造型设计应明确规划产品的设计特色，制定产品所要表达的市场定位，最终使产品产生巨大的经济和社会效益。迅速提升无形价值，最大化地满足市场需求，最大化地占有市场，为产品设计的最高境界。

二、产品造型设计软件的类型

产品造型设计是产品设计的一个重要组成部分，主要从产品的功能出发，以提高产品的审美品位为目标，对其形态、色彩、质感进行设计。具体可分为未来型产品设计和现实型产品设计两大类。

未来型产品设计：是指在现有科技水平和物质条件下，产品的使用功能和精神功能不能完全实现的产品造型设计。

现实型产品设计：是指在现有科技水平和物质条件下，产品的使用功能和精神功能均能完全实现的产品造型设计。

现实型产品设计如汽车、家电、医疗器械、家具、服装、首饰、旅游纪念品等的设计。设计师们应具备较好的形象思维能力，在设计创意中充分表达视觉形象，运用相关计算机软件进行设计，把握产品的造型结构。

将设计和生产相结合，在设计中赋予产品不同的生命力。当一件物品被赋予一种具有改良功能的外观时，它就变成了一件悦人心意的产品了。如瑞士军刀，其外观和普通的刀没什么区别，之所以受到广大用户的青睐，是因为经过设计师们巧妙的设计，功能样样具备，成为出门和居家必不可少的工具，如图4-1所示。

图4-1 瑞士军刀功能设计

第二节　产品造型设计的流程

一件产品的视觉特征是由若干因素组成的，这些因素赋予产品活力，对产品的设计、开发、研究的观念、原理、功能、结构、构造、技术、材料、造型、色彩、加工工艺、生产设备、包装、装潢、运输、展示、营销手段、广告策略等因素也随着设计师的设计的不同而不同。

产品设计过程，不是简单地将信息从一个媒介转换到另一个媒介，设计师们除设计其外形外，还需考虑材料选择及铸造、人体工学、加工质量、耐用性等实用的产品特征，如图 4-2 所示。

一、产品造型设计构思创意草图

过去大多数设计师的设计工作是从一支笔和一张纸开始。计算机普及应用后，现在已经基本上代替了设计师们的手绘工作，设计师们所使用的工具也变为鼠标和数字化仪，如图 4-3 所示。

构思草图阶段的工作将决定产品设计 70% 的成本和产品设计的效果。所以这一阶段是整个产品设计最为重要的阶段。通过思考形成创意，并加以快速的记录。这一设计初期阶段的想法常表现为一种即时闪现的灵感，缺少精确尺寸信息和几何信息。基于设计人员的构思，通过草图勾画方式记录，绘制各种形态或者标注记录下设计信息，确定三至四个方向，再由设计师进行深入设计。

二、产品造型设计产品效果图

2D 效果图将草图中模糊的设计结果确定化、精确化，生成精确的产品外观平面设计图，可以清晰地向客户展示产品的尺寸和大致的体量感，表达产品的材质和光影关系，是更加直观和完善的表达。

多角度效果图使人以更为直观的方式从多个视觉角度去感受产品的空间体量，全面地评估产品设计，减少设计的不确定性。

利用计算机设计制作效果图，可以更加灵活地改变颜色、外形、材料、角度等因素，使信息、感觉、艺术表达、生成形状及技术的细化等设计理念都可以得到迅速、精确的表达。如图 4-4 所示。

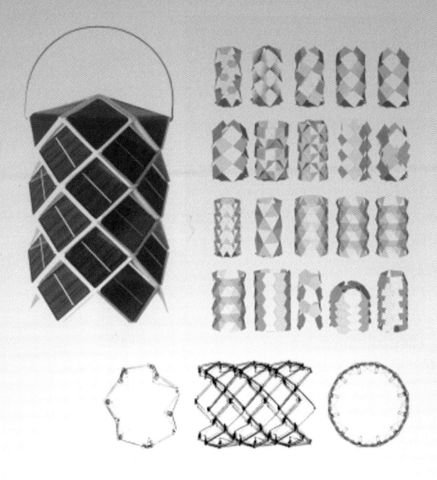

图 4-2　不同棱面的设计

图 4-3　数字化仪

图 4-4　具体的造型

三、产品造型设计的材料表现

　　材料在我们的生活中千姿百态，创造产品的方法也非常多，给设计师们非常巨大的想象空间。材料是设计的基础和载体，好的设计必须将不同的材质结合不同的工艺，通过设计师的手完美地结合表达。材料选择在产品中所产生的美感，使人们获得联想——这需要人们调动视觉、触觉、听觉和感知来实现——很难简单地予以更改分析。在充满竞争的当今市场上，对于一个成功的设计来讲，它的美感和功能同样是产品必不可少的一部分。材料在设计过程中扮演了重要的角色，利用材质的光泽、肌理、明暗、疏密、韵律等可设计出具有时代感、美感及感染力的作品，如图 4-5 所示。

图 4-5　台灯的材料运用

四、产品造型设计的色彩调配

色彩是一个非常专门的研究领域。用户的情绪和行为会和色彩产生共鸣，色彩直接影响我们对周围环境的反应。通过计算机调配出色彩的初步方案，来满足同一产品的不同的色彩需求，扩充客户产品线，在产品设计中应加以重视。

色彩的选择取决于产品在使用环境中的相关因素，艳丽的色彩会产生强烈的冲击力，吸引注意力，可以增强或模糊产品的细节等，总而言之，色彩的选择取决于产品的最终用途及市场目标定位。一般色彩在设计过程中最后才会被考虑在内，如图4-6所示。

图4-6　色彩各异的公共设施

第三节　产品的设计制作范例

在通过透视绘制具体的立体效果中，最重要的一个功能是利用渐变填色功能，这和素描中利用明暗的关系表现凹凸效果是一个道理。在 CorelDRAW 软件中（几乎所有的辅助设计软件中）渐变填色存在四种渐变方式：线性方式、射线方式、圆锥方式和方角方式，如图 4-7 所示。一般利用线性方式绘制柱体，射线方式绘制球体，圆锥方式绘制伞形体，方角方式绘制菱形。

一、几何体的制作

根据惯例，我们从简到繁介绍范例。在素描学习初始，首先要学的是几何体的透视绘制，范例一就从几何体的绘制制作开始。图 4-8 为立方体、圆锥、球体和柱体，这几个是最基本的几何体。

使用功能：在该几何体的制作中最主要的是使用了矩形工具、椭圆工具、贝塞尔工具、渐变填色功能、形状的造型焊接功能、倾斜功能及透明工具等。

表现技法：在 CorelDRAW 软件中使用渐变填色功能，描述明暗效果，可以非常简便快捷地表现出立体效果，透明功能表现倒影效果等。

图 4-7　渐变填色的模式

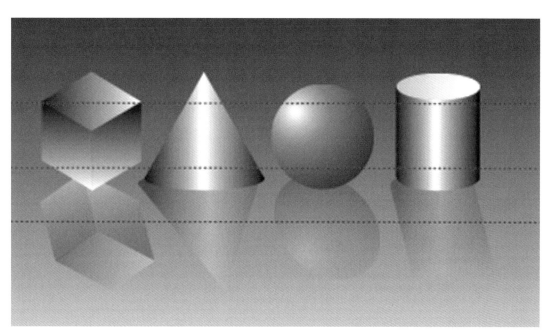

图 4-8　几何体的表现效果

具体的制作方法为：

（1）新建文件名为"几何体"，在页面中间添加水平和垂直辅助线，选择多边形工具，边数设置为6，以中心线的交叉点为中心（同时按下 Shift 键和 Ctrl 键以中心向四周绘制正六边形，正六边形作为绘制正立方体的参考线），选择贝塞尔工具，将六边形的两条边及中心点连接，绘制带透视效果的正方形，如图 4-9 所示。

（2）同样的方法绘制另外两个正方形，并选择渐变填色工具 ▧ 选择线性填色（双色填色）为黑白两色，将六边形删除，并将正立方体的轮廓线去除，同时选择立方体的三个正方形将其群组，完成正立方体的绘制，如图 4-10 所示。

（3）锥体的绘制。选择椭圆工具，按住 Shift 键，以交叉点为中心绘制椭圆，以椭圆的两外边缘点为三角形的两个起点，在垂直线上选择一点，利用贝塞尔工具绘制一三角形，如图 4-11 所示。

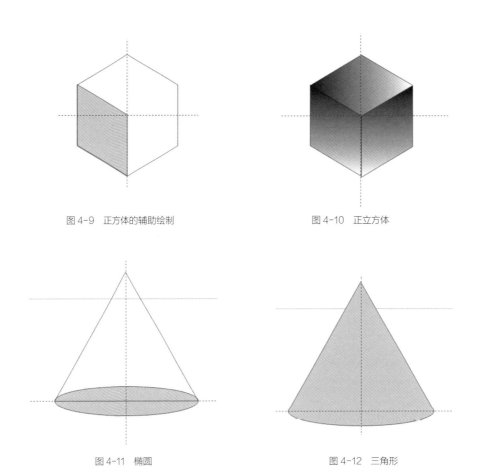

图 4-9　正方体的辅助绘制　　　　　　　　图 4-10　正立方体

图 4-11　椭圆　　　　　　　　　　　　图 4-12　三角形

选择椭圆和三角形（配合 Shift 键为加选），选择菜单排列 / 造型 / 焊接功能，将两个形状相加合并完成锥体的外形绘制，如图 4-12 所示。

填色时在线性渐变填色的调和模式中选择自定义，并在中间添加一白色，两边为黑色（如图 4-13），完成锥体的制作（如图 4-14）。

（4）圆柱体的绘制。圆柱下半部的绘制同锥体绘制，先绘制椭圆，并复制一个椭圆作为圆柱的上部，置于页面的上部，再以椭圆的两个边点为矩形的宽绘制一矩形，并将矩形与下部的椭圆进行焊接，如图 4-15 所示。圆柱的下半部的渐变填色同圆锥体，上半部的椭圆用线性双色渐变填色，如图 4-16 所示，完成柱体的绘制工作。接下来去除轮廓线，进行群组处理。

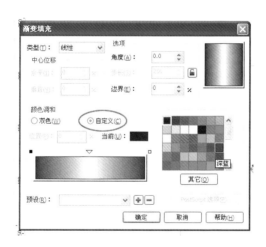

图 4-13　渐变填色

图 4-14　锥体效果

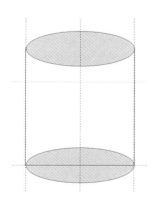

图 4-15　圆柱的绘制

图 4-16　圆柱的效果

（5）球体的绘制就比较简单了，同样以交叉点为中心，配合 Shift 键和 Ctrl 键以中心向四周绘制圆。渐变填色使用射线方式，同时需要调节中心位置（垂直和水平均选择 30°，位于左上角）以黑白过渡，以白色向黑色发散。去除轮廓线完成球体的制作，如图 4-17 所示。

（6）将四个几何体进行排列调整，且群组，选择菜单 / 变换 / 缩放、镜像功能和倾斜功能，将四个几何体垂直镜像复制并水平倾斜 15°。再利用矩形工具绘制一个大一点的矩形，渐变填色，并调节到页面的最后面。最后用交互式透明工具将复制的几何体从上往下进行透明处理，制作倒影的效果，达到图 4-8 所示效果。

二、手表的制作

手表造型的制作相对来讲比较简单，基本的造型以圆形、矩形等为多。因此我们以手表的外形设计为例，逐一进行剖析，如图 4-18 所示。

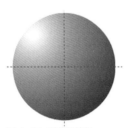

图 4-17　球体的绘制

图 4-18　手表效果

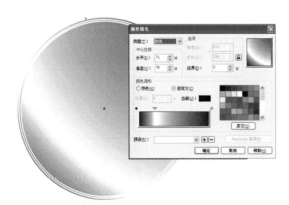

图 4-19　表面渐变效果

使用功能：在该手表的制作中最主要的是使用了椭圆工具、多边形工具、以某点为中心进行旋转复制、文本适合路径、渐变填色功能、形状的造型焊接功能等。

表现技法：在CorelDRAW软件中使用渐变填色功能，绘制金属高光效果，以表现表带的立体效果等。

（1）首先新建名为"手表"的文件，手表的表面为主要部件，只有表面建好了，才可以确定表带的大小。因此首先建立表面效果，拉出水平和垂直的交叉辅助线，确定表面的中心点。以中心点为圆心绘制圆（配合Shift键和Ctrl键从中心向四周绘制圆），填以蓝色渐变效果，具体数值如图4-19所示，再以圆心为中心绘制两个稍小一点的圆，不填色，轮廓宽度要视外圆的大小而定，颜色为白色，如图4-19所示。

（2）可以使用不同的色彩设计表面，使色彩丰富些。由于表面均为金属材料，利用渐变填色的功能可以方便地表现色彩的变化，具体的参数及效果如图4-20所示。

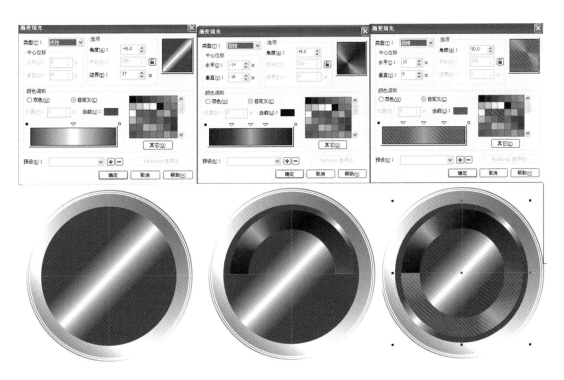

图4-20　不同的圆及圆环填色效果

（3）为了增加表面的层次感，绘制黑色和红色环的外边添加一细白线，同时绘制一内圆，用圆锥的渐变方式填色。再绘制一细环，也填上圆锥渐变色，放于圆的上面，做出凹槽的效果，同时绘制一稍大于金属圆的圆，填上深灰色做阴影，如图 4-21 所示。

（4）在内表面绘制一黑色的圆，作为表内色。在表面的外缘用渐变填色做一小三角形，制造凹凸轮廓边缘效果，选择排列菜单打开变换功能对话框，利用旋转功能，选择单个三角，点选两次，将选择平移功能变为旋转的功能后，选择中心点，移至表面的中心，在旋转功能中角度设置为 5°，反复选择"应用到再制"直至达到图 4-22 所示的效果。

（5）现在再做指针，以圆心为中心，绘制一小圆，作为固定指针的螺帽，指针为时针、分针和秒针，分别由矩形、圆、三角等形状组成，颜色由自己的喜好而定，表面的时间刻度的制作方式同表面外缘的凹凸，利用旋转"应用到再制"，一圈 12 个，因此旋转角度为30°，内圈的细小刻度为四个一组，用同样的方法复制，如图 4-23 所示。

（6）1 ~ 12 的数字输入，以金属圆为基础，绘制一圆，选择文字，逐步输入 1 ~ 12 个数字，并调整到如图 4-24 所示效果。

（7）日期的制作，在圆角的设置上输入 10°，制作圆角的矩形，和金属圆的渐变方式一致，并采用透明的方式添加透明度，输入一个数字置于圆角矩形的后面，即完成制作，如图 4-25 所示。

（8）以上完成了表面的制作，下面是表带的绘制。表带的材质也为金属的，利用贝塞尔工具绘制其形状，材质利用渐变调节的数据再添加两个高光点，并用水平镜像复制另一边，如图 4-26 所示。

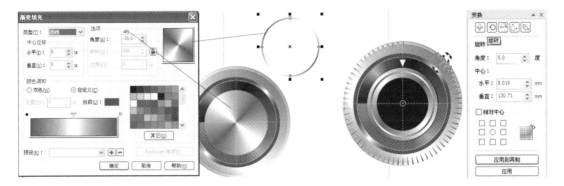

图 4-21　表面效果

图 4-22　螺纹效果

图 4-23　指针的绘制

图 4-24　数字的显示

图 4-25　日期的制作

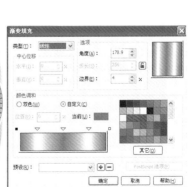

图 4-26　表托的绘制

（9）同样利用步骤 8 的渐变填色模式在矩形内填色，制作表带具体效果如图 4-27 所示。排列并复制另一端完成表带的制作。

（10）手表调节钮的绘制为在矩形内设置若干个高光的渐变填色，效果如图 4-28 所示。

建好后全选所有元件，群组后，选择交互阴影工具添加一阴影效果，完成手表的制作，最终效果如图 4-18 所示。

注：手表制作的关键在于金属效果的渐变应用（表带多重渐变颜色的调节）。如需其他色彩，只需选择后打开渐变填色，改变颜色便可（比如将所有的黑色变为黄色，则为金色的表带等）。

三、鼠标的制作

计算机鼠标的设计制作与手表制作的不同之处在于鼠标的制作材料为塑料制品，高光的要求比较高，几乎没有规范的形状，基本上所有的形状均需要使用贝塞尔工具。通过该范例的练习，练习者对于光滑曲线的绘制一定收获颇丰，如图 4-29 所示。

图 4-27　表带的绘制

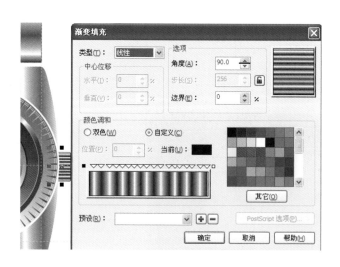

图 4-28　表带的多重渐变调节

使用功能：在该鼠标的制作中最主要的是使用了贝塞尔工具、交互调和式工具以及渐变式填色等功能等。

表现技法：在 CorelDRAW 软件中使用交互调和式工具功能，可以将两种不同的形状糅和成一个几何体，形成不同的明暗效果及不同的肌理效果等。

（1）首先绘制鼠标底座，利用贝塞尔工具绘制形状，并填上渐变效果的色彩（下面的色彩比上面的色彩略浅一个度数），再将该形状复制并略缩小，放置于如图 4-30 所示位置，利用交互调和式工具将两个形状过渡生成底座的厚度效果。

注：该工具的使用方法是选择该工具，由一个形状过渡到另一个形状，通过设置可以以距离调整，也可以以数量调整，可直接调整，也可顺时针和逆时针调整，还可按路径调整等，如图 4-31 所示。

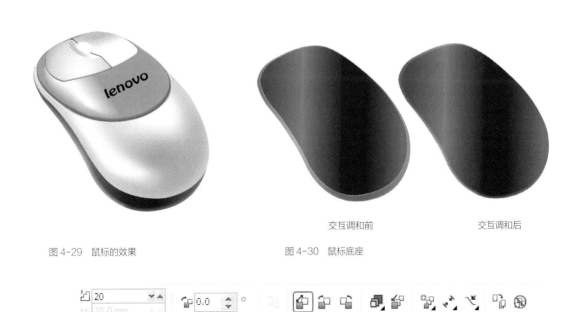

交互调和前　　　　　　　　交互调和后

图 4-29　鼠标的效果　　　　　　　　图 4-30　鼠标底座

图 4-31　交互调和工具

（2）将底座的形状复制并缩小保留，填上灰色渐变，利用贝塞尔工具绘制四个形状，并将相应的形状再次两两交互调和，制作塑料的高光效果，如图4-32所示。

注：对于鼠标不太熟悉的设计师可以使用数字化仪，或用手工素描绘制底稿，再通过扫描或拍照转换为电子文稿，在CorelDRAW软件中应用导入功能，将电子文稿位图导入文件，作为参考或用鼠标描摹。

（3）利用同样的原理绘制鼠标前面的按钮效果，用贝塞尔工具绘制两形状，填上相应的颜色，利用交互调和工具混合运算，效果如图4-33所示。

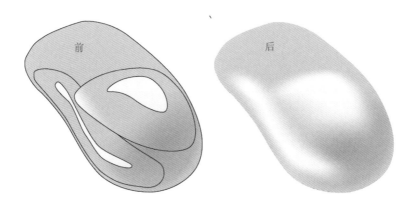

图4-32　鼠标表面高光

图4-33　按钮

（4）同前方式，在按钮上增加厚度，填上自己喜欢的颜色并绘制高光，如图 4-34 所示。

（5）用贝塞尔工具绘制按钮形状，要绘制左边和右边的效果，同样绘制两个曲面，使用交互调和工具制造高度效果。同时绘制一曲线作为两按钮之间的阴影部分，其效果如图 4-35 所示。

（6）将前图调整于适当的位置，添加滚轮效果，在两按钮之间有凹口，直接利用渐变功能便可达到效果，如图 4-36 所示。再于中间添加一射线方向的渐变圆角长方形作为滑轮效果，如图 4-37 所示。

图 4-34　按钮高光

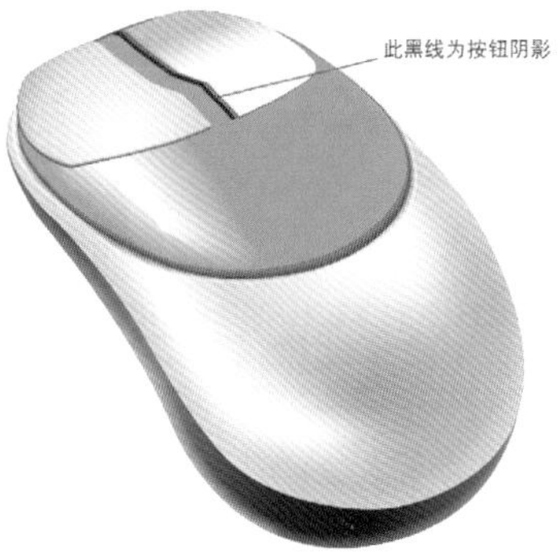

图 4-35　按钮阴影

此黑线为按钮阴影

图 4-36　凹陷部分

图 4-37　绘制完成效果

（7）最后利用文字工具输入品牌标志（本例输入联想品牌的标志），利用移动工具中的旋转功能调整角度、大小及间距等，填上深灰色，完成鼠标的绘制工作，最终效果如图 4-29 所示。

注：在文字输入调整完成后，一定要将文字转换为曲线（菜单／排列／转换为曲线，快捷键为 Ctrl+Q），这样才能确保该文件在任何机器上使用均不会改变字体，否则字库里字体有限时将改变原有的设计。

四、玻璃瓶的制作

绘制酒瓶，关键是学习和掌握透明度，本例的重点是关于玻璃的材质的绘制要领，至于外形的变化则比较简单，效果如图 4-38 所示。

使用功能：在该酒瓶的制作中最主要的是使用了贝塞尔工具、底纹填色、交互式透明工具、文本绕路径、交互式调和以及渐变式填色等功能。

表现技法：在 CorelDRAW 软件中制造玻璃效果，其原理和素描要领是相通的，需反复应用透明、高光和明暗等。同时使用交互调透明工具功能，可以形成与背景相加或相减等效果，造成不同明暗及不同透明度效果等。

（1）新建一个名为"酒"的文件，利用贝塞尔工具绘制出酒瓶的外轮廓形状，并用线性渐变填色，具体参数和形状如图 4-39 所示（色彩可根据酒的颜色而定，我们的范例中为偏黄色的白葡萄酒）。

（2）再用贝塞尔工具绘制形状和填色（如图 4-40 所示）覆盖于外轮廓的上面。

（3）要制作出玻璃效果，需反复绘制高光，在此步骤中我们将若干高光效果的形状填色，同时与高光的部分形态再交互透明处理，交互式调和等效果一并展现，如图 4-41 所示。

图 4-38 装满酒的酒瓶

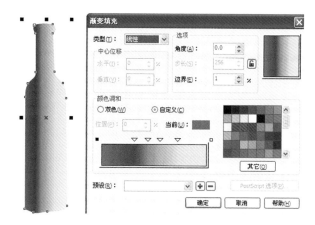

图 4-39 酒瓶的外形及渐变填色

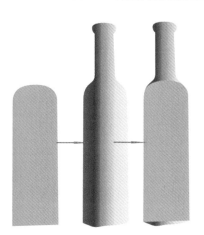

图 4-40 透明步骤

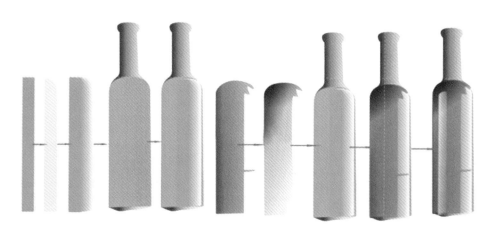

图 4-41 高光透明的轮廓

（4）至此酒瓶身体部分的高光算基本完成，下面的步骤开始绘制瓶颈部分的效果，同样利用贝塞尔工具绘制阴影及高光形状，并填上不同的颜色，如图 4-42 所示。

（5）再次添上标签高光等五块形状，效果如图 4-43 所示。

（6）上半部标签的制作，最好自己绘制标志，再加上年份等效果，当然也可以使用现有的标志效果。我们的案例是自己设计用贝塞尔工具绘制的一透明文案，最终效果如图 4-44 所示。

（7）下半部商标的制作基本上同标签，先绘制一宽度同酒瓶粗细并有弧度的形状，填上如（1）所示的渐变，主要用于产生金属边效果。再将该形状复制垂直缩小，留出两边的宽度，填上标签的效果（2），将两形状居中对齐产生（3）效果，再将标志添上，放置于适当的位置（4），用贝塞尔工具绘制一与标签同弧度的曲线，利用文本适合路径工具输入文字，调节一定的弧度，产生拱起的效果（5），并将文字转换为曲线，如图 4-45 所示。

图 4-42　瓶颈部分商标

图 4-43　商标高光的绘制

图 4-44　透明瓶颈部分

图 4-45　商标的制作步骤

（8）瓶盖的制作，用贝塞尔工具绘制瓶盖形状填以深灰色，再复制缩小填以白色，位置移到顶端（1），利用交互式调和将两形状混合，产生有高光的几何体（2）。为了增加肌理效果，绘制一略小于瓶盖的形状，用底纹填色的方式制造一纹理（3），再用透明渐变覆盖，产生隐隐约约的纹理肌理，完成瓶盖的绘制（4）。同时将瓶盖形状再次复制，用交互式透明工具保留一半的渐变透明，另一半全透，再水平镜像复制，分别置于调和瓶盖的上面，产生球状效果（5）。瓶盖的制作步骤如图4-46所示。

注：在使用底纹填充时，有非常多的样式，且其样式的色彩搭配、文案的大小、疏密等均可根据用户需求更改。

（9）瓶底的制作，瓶底有一定的厚度，需要用阴影来产生，需绘制不同的形状来完成，另外也要产生与酒瓶相同的高光，如图4-47所示。

图4-46 瓶盖的制作步骤

图4-47 瓶底部分的制作步骤

（10）至此完成整个酒瓶的绘制工作。为了烘托效果，用两块巨型制作背景将酒瓶全选群组，垂直镜像复制并移动到相应的位置（做倒影效果）。对于多余部分，可以用矩形与其相减去除，也可以填以白色，轮廓不填，用以覆盖，对于倒影部分的色彩可以用菜单/效果/调整/亮度对比度等来调节，也可用交互式透明中的模式调整，本例的调整方式采用前者，具体效果如图4-48所示。

利用亮度和对比度的调节可以非常方便地改变酒的颜色，去除内核的颜色即为空酒瓶，效果如图4-38所示。

注：在绘制有明暗透视效果的多层时，除了需要交互调和外，还需要层层叠加运算。

五、口红的制作

口红的绘制，主要是掌握素描的明暗关系，此案例利用渐变填充功能调节口红金属部分的明暗，如图4-49所示。

使用功能：在口红的制作中最主要的是使用了贝塞尔工具、椭圆工具、渐变填色、交互式调和等功能。

表现技法：CorelDRAW软件中的立体高光效果，其原理和素描要领是相通的，需反复应用透明、高光和明暗等。通过渐变填色功能可以方便地取得在同一形状中填上不同色彩的效果，从而达到目的。

图4-48　一个瓶子的效果

图4-49　口红效果

（1）首先新建一个名为"口红"的 文件，用贝塞尔工具绘制口红的底座，绘制两形状并将其渐变填色（加红线便于区别），如图 4-50 所示。

（2）为了增强金属质感效果（渐变填色不容易调节），可再手工添加两形状绘制高光和阴影效果，如图 4-51 所示。

（3）添加边，同样利用椭圆工具绘制两椭圆，调节形状和方向，一个填白色，一个填渐变，置于如图 4-52 所示位置，产生边和空心的效果。

（4）同（3）的方法，再次绘制两椭圆，并调节方向填以黑色和白色置于如图 4-53 所示位置，制作第二节效果（外轮廓线均设置为无）。

（5）利用贝塞尔工具绘制第三节效果，并用渐变工具填色。再次使用（3）的方法绘制其口的效果，如图 4-54 所示。

  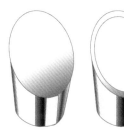

图 4-50　底座　　　　图 4-51　底座加高光金属质感　　　　图 4-52　边和空心效果

 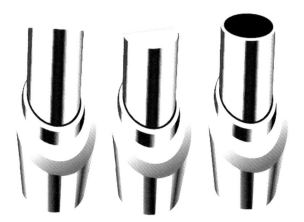

图 4-53　添加二次底座　　　　图 4-54　整合效果

（6）口红部分的绘制，用贝塞尔工具绘制口红形状，线性渐变调节并填色（1），再将形状复制，使用射线方式渐变填色［红色要相同（2），色彩的调节可视口红的颜色而定］，并置于上层，如图 4-55 所示。

（7）口红上高光部分要用交互式调和工具，用椭圆工具绘制两椭圆，方向调节及大小如图 4-56 所示中的 1 和 2，其中 1 使用射线方式渐变填色，2 用线性方式渐变填色。将图 2 放置于图 1 的右上方，使用交互式调和工具，两图混合为 3 的效果，并置于口红的适当位置产生 4 的效果。

（8）利用上面的方法绘制了口红的斜面，还不够完整，再利用椭圆工具和交互式调和工具绘制侧面圆柱上的高光，如图 4-57 所示。利用椭圆 1（由于是白色填色，为了看见该形状特意加了红色的轮廓，在使用交互式调和工具时注意轮廓要去掉）向椭圆 2 过渡渐变，产生 3 的效果，置于上述步骤（7）产生的效果下面，产生 4 的效果，至此完成口红的全部绘制工作。

（9）标牌的输入，可以自己设定品牌，利用文字工具输入"Lipstick"，调节大小，选择合适的字体，使用灰白渐变填色，并将其转换为曲线，放置于合适的位置，如图 4-58 所示。

（10）为了更加立体化，绘制一阴影效果。同样利用椭圆工具绘制两椭圆，分别填上黑白色，由黑色向白色交互式过渡，并群组置于口红的最下端，产生如图 4-49 所示的效果，完成整个的设计绘制工作。

注：文字部分在完成设计后一定要转换为曲线，否则在别的机器上使用，如果没有该字体时，字体的形状会发生改变。

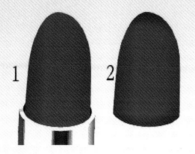

图 4-55　口红轮廓和色彩

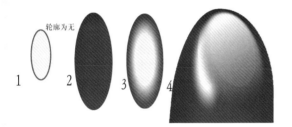

图 4-56　高光效果

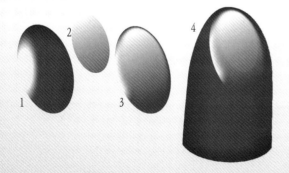

图 4-57　侧边高光

图 4-58　添加文字效果

六、MP4 播放机的制作

概念 MP4 播放机绘制主要体现为按钮、镂空、线条的利用，倒边的效果，塑料、玻璃等材质的效果，主要是概念设计的理念，如图 4-59 所示。

使用功能：在概念 MP4 播放机的绘制过程中，以矩形、圆、多边形等工具为主，同时还使用了文字、透明工具、渐变填色功能、交互式调和功能、修剪及移除前面的对象功能、交互式立体化工具、阴影工具、将位图放置于容器中等功能效果。

表现技法：概念 MP4 播放机设计的是金属和塑料相结合的材料效果。和前面范例不同之处在于球面效果和位图的导入及图形装入容器内的效果表现。

（1）首先新建一名为"概念 MP4 播放机"的文件，绘制中心的圆部分。用圆工具绘制一圆，并利用射线渐变做出球面效果，如图 4-60 所示。

（2）将步骤（1）绘制的圆复制并粘贴、调整，略放大一点，并描边去色，如图 4-61 所示。利用矩形工具绘制一细线 1，轮廓设为无，填色如图，并复制粘贴到细线 2 位置，将两线进行交互式调和，步长值调整为 70（在本例中，用户可根据自己的图例调整），效果如图中 3。选择 3，选择下拉式菜单/图框精确剪裁/放置在容器中功能，点击图中圆 4，产生效果 5。将 5 与 1 整体对齐得到效果 6，如图 4-61 所示。

图 4-59　概念 MP4 播放机

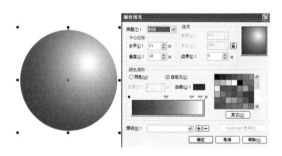

图 4-60　球面效果

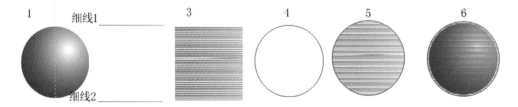

图 4-61　球面条纹效果

（3）利用圆形工具绘制一和上图4大小相同的圆，再复制一圆，并缩小一圈，调整至同心，如图4-62中1，将两圆选中，在工具栏中选择"移除前面的对象"，生成圆环2，再用射线渐变填色，中心调整至边缘，去除轮廓线产生效果3，如图4-62所示。

（4）将步骤（3）制作的圆环复制粘贴，并旋转至如图4-63中2的位置。再次使用圆形工具，绘制一椭圆，射线渐变填色并将轮廓调整为如图中3效果。将3复制粘贴，转换为曲线，去除轮廓并利用形状工具调整为效果4（也可利用另一矩形将两图相减产生），利用菜单/变换/比例垂直镜像，点取"应用到再制"，垂直移动到5位置，将4和5移动到6的位置，同时将1和2与7垂直和水平均中心点对齐，6也移至7的中心位置（注：不能采用中心点对齐，只有将6群组后才能对齐操作），产生效果8，如图4-63所示。

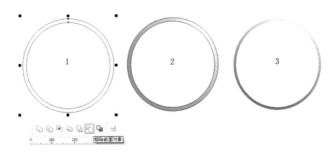

图 4-62　外环效果

图 4-63　球面凹凸效果

（5）两个半外圆环的制作。首先绘制一如图 4-63 中的圆 1，复制粘贴并放大至如图 4-63 相应的厚度，将两圆选中，选择工具栏中"移除前面的图形"，绘制一圆环，填以渐变色（效果如图 4-64 中 1），再以该圆环的垂直中心为边绘制一矩形，矩形和圆环同时选择，取工具栏中的修剪工具（效果如图 4-64 中 2）将两图修剪，删除矩形，得到半个圆环（效果如图 4-64 中 3）。选择交互式立体化工具，将半圆环制作为有点厚度的半圆环（如图 4-64 中 3、4），再选择菜单 / 排列 / 比例，镜像复制一半圆环（效果如图 4-64 中 5），并与图 4-63 中效果 8 进行中心点对齐得到（效果如图 4-64 中 6）。

（6）螺丝钉的绘制。绘制三个圆，以及利用星形工具绘制一正四边星形，分别填上如图所示的颜色，再将所有图形选择，中心点对齐，产生如图 4-65 所示的螺丝钉效果，并放置于图 4-64 所示的 6 中两半圆对缝处，分别是各四颗。

注：每完成一部分后，将其群组，避免部分部件丢失。

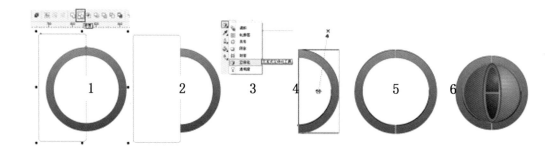

图 4-64　最终表面效果

图 4-65　螺丝钉效果

（7）同样的方法绘制同心圆环，利用形状工具将圆环截断再连接，如图 4-66 中 1 的效果。渐变填充，再在需要的部位绘制黑色小矩形做成条状散热孔状效果，同时将上面制作的螺丝钉放置于图中位置，并绘制两根连接棍，如图 4-66 中 2 的效果。

注：当需要使用形状工具将形状拆分时，先将断点断开，再选择菜单 / 排列 / 打散，删除多余的线。再次选择菜单 / 排列 / 结合命令，方可将两条以上的形状进行连接。

（8）另外半边效果的绘制基本同上，在此不赘述，强调多出的如图 4-67 中 1 和 2 部件。其中 1 为利用椭圆工具制作椭圆环状，截断拆散绘制并置于图的上层；2 部分，同样绘制一截环，可用贝塞尔工具，也可用圆环截取，或用矩形转换为曲线，再调整，先做一黑色垫底，再绘制三小块用射线渐变填色而成。

（9）现在绘制左下角部分，如图 4-68 所示 1 和 2 部分，将图 4-63 中 7 复制缩小放置于图中位置，并在 1 上利用多边形工具绘制一三角形，利用透明工具设置透明（为播放键），3 部分为利用阴影功能产生圆环的阴影。其他部分利用贝塞尔工具或矩形工具曲线化后调整完成，并利用文字工具写上日期或时间等，可按个人喜好设置。

注：透明和阴影工具均隐藏在交互式工具中。

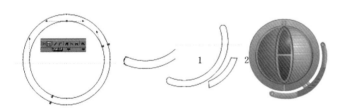

图 4-66　托架的制作

图 4-67　控制面板　　　　　　图 4-68　支架的效果

（10）以上工作完成后，开始绘制上半部分，先用贝塞尔曲线绘制如图 4-69 中 1、2、4 部分并填上自己选定的颜色（要注意色调协调），将图中 2 复制并填上黑色置于 1 上面，2 为阴影边的效果；图中 3 部分绘制矩形填以射线渐变，再绘制细小矩形置于大矩形的两端，用交互式调和工具混合产生并复制调整大小，达到图中 2 的效果；图中 5 用矩形工具或贝塞尔工具绘制外轮廓线，再利用贝塞尔工具绘制一线造成沟的效果，将步骤 6 绘制的螺丝钉复制置于图中位置，将图中 5 部分整体水平镜像复制置于图中位置；再用矩形工具绘制填色，用文字工具写上相应的文字，产生图 4-69 所示的效果。

（11）右边的效果就比较简单了，后面的圆角矩形的绘制步骤是先绘制矩形，利用形状工具调整节点，可达此效果，复制并填以不同的色彩置于图 4-70 位置，再利用矩形工具绘制上面的提示符，并用文本工具写上相应的文字，分别再绘制矩形填以线性渐变色制作后面的支撑杆，黑色的空则用黑线或黑色矩形表现。

（12）至于右边的图，利用导入功能，导入一张位图，用矩形工具绘制一矩形，用形状工具调整成有圆角的矩形，选择下拉式菜单 / 图框精确剪裁 / 放置在容器将位图置于圆角矩形中，造成圆角位图效果；底板用同样的方法绘制圆角矩形，置于最底层，用图样填充导入一金属拉丝效果的位图，产生金属底纹效果，如图 4-71 所示。

再绘制一深色矩形衬于最后层，达到图 4-59 的效果，至此完成整体概念 MP4 播放机的设计绘制工作。

注意：在绘制时要考虑形状的上下位置关系时刻调整，位于下层的形状可以粗糙些，而上层的形状一定要调整得非常到位。曲线的节点数越少，形状越趋于光滑。

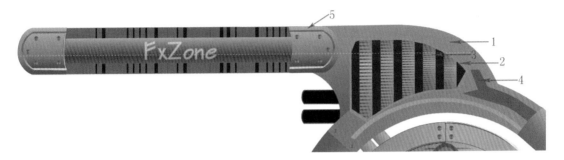

图 4-69　上半部分效果

图 4-70　显示菜单部分效果

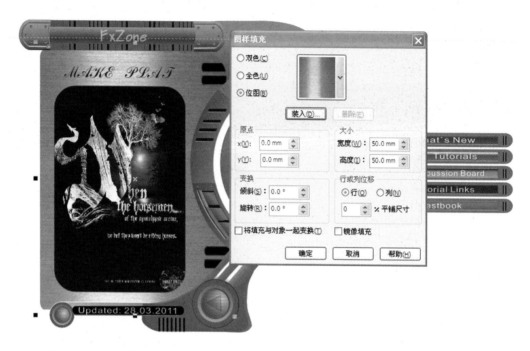

图 4-71　显示屏部分

　　总结：本章节的侧重点是针对产品造型设计专业的，因此皆以三维立体的效果为主要描述对象，利用平面软件绘制三维造型，运用较多的是渐变填色，其次是逐层描述的表现。该章节学完后对于在平面绘制三维产品应该是得心应手了。

第五章 数字化浮雕、壁画设计与表现技法

浮雕、壁画的设计表现

浮雕、壁画的制作方法

壁画设计制作的范例

第一节　浮雕、壁画的设计表现

　　艺术在整个人类生活中占据着不可或缺的地位。艺术最早产生于原始宗教，人们以各种方式来表达自己对自然和神灵的膜拜。早期发现的山洞中的原始岩画和雕刻为浮雕的一种艺术形式的原始特征。原始人类用颜色和线条来表现狩猎、采集、生活等所接触的自然对象，把它们描绘成平面的绘画，以表达人们对这些事物的关切。当人们发明线刻，意欲以岩石等硬质材料固定和保存这些形象时，最初的浮雕便产生了。随着时间的推移，审美的变化，出现了暗影、透视等表现法，人们逐渐由平面的涂绘进而发展到对物象体积的表现。如何在二维的空间表现出三维的效果呢？早在法国拉斯科洞穴壁画中（如图5-1所示）就可以看出，原始绘画时期，人们通过头腿轮廓重叠、近大远小、色彩的浓淡层次变化塑造出立体三维空间。透视学涵盖了数学家的精益求精、画家的苦思冥想、建筑师的呕心沥血、雕塑家的添砖加瓦。从数学的角度分析它是几何学的独特分支，从艺术的角度分析它是一门艺术科学，从医学的角度分析它是人眼视觉真实空间的重建。

　　这种表现手法以及各种材料的运用和发展促成了今天的浮雕。

一、浮雕的设计表现

　　浮雕，是在平面上雕刻出凹凸起伏形象的一种雕塑，是介于圆雕和绘画之间的艺术表现形式。浮雕的空间构造可以是三维的立体形态，也可以兼备某种平面形态，既可以依附于某种载体，又可相对独立地存在。一般来说，浮雕适合特定视点的观赏需要或装饰需要，浮雕相对圆雕的不同特征是经形体压缩处理后的二维或平面特性，实际上也为绘画的透视表现。浮雕与圆雕的不同之处，在于它相对的平面性与立体性。它的空间形态是介于绘画所具有的二维虚拟空间与圆雕所具有的三维实体空间之间的所谓压缩空间。压缩空间限定了浮雕空间的自由发展，在平面背景的依托下，圆雕的实体感减弱了，而更多地采纳和利用绘画及透视学中的虚拟与错觉来达到表现目的。与圆雕相比，浮雕多按照绘画原则来处理空间和形体关系。但是，在反映审美意象这一中心追求上，浮雕和圆雕是完全一致，不同的手法形式所显示的只是某种外表特征。作为雕塑艺术的种类之一，浮雕首先表现出雕塑艺术的一般特征，即它的审美效果不但诉诸视觉而且涉及触觉。与此同时，它又能很好地发挥绘画艺术在构图、题材和空间处理等方面的优势，表现圆雕所不能表现的内容和对象，譬如事件和人物的背景与环境、叙事情节的连续与转折、不同时空视角的自由切换、复杂多样事物的穿插和重叠等。平面上的雕凿与塑造，使浮雕可以综合雕塑与绘画的技术优势，使浮雕的塑造语言比之其他雕塑尤其是圆雕，具有更强的叙事性，同时也不失一般雕塑的表现性。

浮雕就其表现形式有神龛式、高浮雕、浅浮雕、线刻、阴雕、镂空式等几种形式。

A、神龛式

我国古代的石窟雕塑可归结为神龛式雕塑，根据造型手法的不同，又可分为写实性、装饰性和抽象性，如图 5-2 所示。

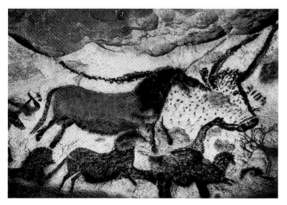

图 5-1　法国拉斯科洞穴壁画

图 5-2　石窟雕塑

B、高浮雕

　　高浮雕是指压缩小、起伏大、接近圆雕甚至半圆雕的一种形式，这种浮雕明暗对比强烈，视觉效果突出。高浮雕由于起位较高、较厚，形体压缩程度较小，因此其空间构造和塑造特征更接近于圆雕，部分局部处理完全采用圆雕的处理方式。高浮雕往往利用三维形体的空间起伏或夸张处理，形成浓缩的空间深度感和强烈的视觉冲击力，使浮雕艺术对于形象的塑造具有一种特别的表现力和魅力。巴黎凯旋门上的著名建筑浮雕《1792 年的出发》是高浮雕的杰作代表。艺术家将圆雕与浮雕的处理手法相结合，充分地表现出人物相互叠错、起伏变化的复杂层次关系，给人以强烈的视觉冲击感，如图 5-3 所示。

图 5-3　高浮雕《1792 年的出发》

C、浅浮雕

浅浮雕以线为主，以面为辅，线面结合。深 2~5 mm。薄而有立体感，以疏衬密，刀法洗练。浅浮雕起位较低，形体压缩较大，平面感较强，更接近于绘画形式。它主要不是靠实体性空间来营造空间效果，而更多地利用绘画的描绘手法或透视、错觉等处理方式来造成较抽象的压缩空间，这有利于加强浮雕适合于载体的依附性。美索不达米亚的古亚述人，大概是最擅长于用此手段进行艺术表现的艺术家。在一系列的亚述人狩猎图中，他们很好地运用浅浮雕手法，富有节奏感和韵律感地表现出充满生气的艺术形象，并以复杂的动势贴切地展现出人物和动物的内在情感，如图 5-4 所示。

浮雕空间压缩程度的选择，通常要考虑表现对象的功能、主题、环境位置和光线等因素，其中环境与光线因素起着决定性作用。优秀的雕塑家总能很好地处理这些关系，从而使作品达到良好的视觉效果。

图 5-4 美索不达米亚的浅浮雕

D、线刻

线刻一般指以阴线或阳线作为造型手段的石、玉雕刻或青铜器纹样雕刻。骨器上线刻是原始社会雕刻的萌芽，是一存最早的雕刻品种。线刻石浮雕亦称"石刻画"，是介于雕刻与绘画之间的品种，即石板为雕刻、拓片为画的造型艺术。由多种技法雕成有起伏体积的雕刻品，即使大量使用线雕手段，也不能视为线雕作品。线刻是绘画与雕塑的结合，它靠光影产生，以光代笔，甚至有一些微妙的起伏，给人一种淡雅含蓄的感觉。通常在箱、橱、床、柜的板面雕刻。不用画稿，以刀代笔，意在笔先，以明快的刀法雕刻阴纹图案，如图 5-5 所示。

E、镂空

镂空雕是把所谓的浮雕的底板去掉，从而产生一种变化多端的负空间，并使负空间与正空间的轮廓线有一种相互转换的节奏。这种手法过去常用于门、窗、栏杆、家具上，有的可供两面观赏，如图 5-6 所示。

在充分表达审美思想情感的基本创作原则之下，浮雕的不同形态各有艺术品格上的侧重或表现的适应性。一般地说，高浮雕较大的空间深度和较强的可塑性，赋予其情感表达形式以庄重、沉稳、严肃、浑厚的效果和恢弘的气势，浅浮雕则以行云流水般涌动的绘画性线条和多视点切入的平面性构图，传递着平和情调和抒情诗般的浪漫柔情。

图 5-5　屏风线雕

图 5-6　镂空雕

二、壁画的设计表现

壁画是指绘在建筑物的墙壁或天花板上的图案。它分为粗底壁画、刷底壁画和装贴壁画等。壁画是最古老的绘画形式之一，如原始社会文字发明之前，人类在洞壁上刻画各种图形，以记事表情，这便是流传最早的壁画。我国早在汉朝就有在墙壁上作画的记载，多是在石窟、墓室或是寺庙的墙壁。

壁画是绘画最重要的画种之一。中国、埃及、印度、巴比伦等文明古国至今仍保存了不少古代壁画。在意大利文艺复兴时期，壁画创作十分繁荣，产生了许多著名的作品。我国自周代以来，历代宫室乃至墓室都饰以壁画。随着宗教信仰的兴盛，壁画又广泛应用于寺观、石窟（例如敦煌莫高窟、芮城永乐宫等）。我国至今仍大量保存着著名的佛教壁画和道教壁画遗迹。到了现在，壁画结合了现代工艺和文化气息，其表现越来越多元化、个性化。

壁画具有绘画的一般规律，如二度空间、构图、色彩、造型、笔触等因素，但又不同于其他一般绘画。其作为建筑装饰是大画面、大构图、大气势、大制作、大手笔、大投入，既是鸿篇巨作又要求高韵律，因此要求壁画的设计人员要有较高的艺术素养。

壁画就其功能可以分为建筑性壁画和装饰性壁画两大类。

建筑性壁画

建筑与壁画的关系如同皮与毛。皮之不存，毛将焉附。建筑为壁画提供了存在的条件，壁画为建筑提供了灵魂。有画龙点睛的功能，是建筑的重要组成部分。壁画的内容、形式、风格、情调等都要服从建筑的风格。建筑和壁画都属于公共艺术的范畴，建筑、壁画、雕塑三位一体组成公共的艺术。好的壁画不但服务于建筑，还要考虑到功能、结构、材料、技术、造价等设计制造出艺术综合体，如图 5-7 所示。

图 5-7　宫廷壁画

装饰性壁画

　　装饰性壁画是绘画，但不是纯绘画，尽管它也是强调主观感受，但偏重于表现和写意，装饰性强而外露，强调对装饰物主体的依附与适应。从属性是装饰性壁画赖以生存的基础，但装饰性壁画又有着自己独特的审美风格和样式。强化装饰美和形式美，淡化内容和思想性，将人工创造与自然状态区别开来。

　　装饰性壁画的特点如下：

　　造型上：比较夸张变形，突出高度、概括性与简练性；在构图上注重追求自由空间、表面平面化和无焦点透视的多维空间。

　　色彩上：讲究化繁为简，不追求明暗、远近及写实的冷暖关系，讲究象征性的色彩。整体强调天然去雕琢、浑然一体的艺术语言，并注重将思想性与艺术性融为一体。以实用性为目的，是外部生活的装饰，共性大于个性，主要供人们消遣和玩赏，以制造愉悦和轻松愉快的环境为主要目的。

第二节 浮雕、壁画的制作方法

浮雕、壁画与建筑的关系密不可分。建筑、壁画、浮雕三位一体形成公共艺术综合体。浮雕、壁画的制作根据建筑或需求可以置于任何器物上。不同时期的浮雕、壁画有着时代的烙印和标记，壁画的设计是根据不同的要求进行的一种创造性的设想、规划、结构、材料、预算、加工等制作。壁画的重要艺术特征之一是其审美价值，它与附着的建筑环境存在着相辅相成的作用，必须与周围的环境、风格统一，不同的光线、角度、地点、位置等均为设计者所需要考虑的因素。壁画不同于普通绘画，其最显著的特点就是篇幅一般巨大，对空间有巨大的覆盖面和感染力。同时设计者还需得到建筑拥有人对于壁画的认同。不同的建筑结构、环境、功能及风格在不同程度上限制了设计者的表现范围。

壁画要求墙面平整、画面巨大、内容丰富、风格多样、材料多样、表现手法多样（手绘、浮雕、马赛克、玻璃镶嵌等），因此制作的方法也是多种多样。利用数字计算机辅助设计实现样稿的线描稿和上彩稿，甚至可以模拟稿件真实的原样及周围的建筑。

一、线描稿的表现

案例一以某壁画为例，该壁画的名字为"裯人"，需要表达的意思来源于一个典故。传说秦朝末年，烽火四起，今陕西耀县东一带，男丁多数战死疆场，又逢连月天干无雨，人们生活陷入水深火热之中，惨不忍睹。乡民不堪忍受，遂跪地求雨，哀嚎震天。忽然间，一只从未见过的七彩大鸟扇动双翅从天边徐徐飞来，身后跟随着漫天乌云，飞过之处，惊雷声声，暴雨如注。雨下一昼夜后，大地得以滋润，万物复苏。乡民互帮互助，日夜耕种，数月后喜获丰收，得以熬过灾年，从此奠定了秦地八百里沃土的根基。乡民感念大鸟受上天指示，拯救苍生，遂尊称大鸟为裯。该壁画以此故事为背景，采用夸张变形的表现手法设计而成。壁画的长6米，宽2米（此尺寸以机场大厅的空间大小而定）。在软件中新建一6 m×2 m的文件，对于计算机比较熟悉的设计者可以直接利用计算机COREL软件中的形状工具绘制，也可以借助于数字化仪非常方便地绘制线描稿。对于计算机不是很熟练的设计者可以手绘并扫描或拍照输入计算机中。裯人线描稿如图5-8所示。

羽人图的壁画有对称的特征,利用计算机中的镜像复制可以非常简单地进行复制,其优点在于复制的部分绝对对称,不会有任何的变形变色。再利用计算机软件的强大功能进行上色处理,利用此方式设计出的样稿,便于打印原小样,用于和建筑拥有者探讨,修改方便,还可以以1:1的大小出样,便于制作者制作(如陶瓷的烧制、琉璃的制作等),如果是聚酯壁画也方便临摹。一切确定后便可投入制作运作中。

　　案例二为华泰证券公司大厅而设计的壁画效果,由于证券公司就是进行金钱交易的地方,因此设计为中国红的绸带在广袤的大地上穿过中国古币,寓意经济与民生大众的紧密关系,如图5-9所示。

图5-8　羽人线描稿

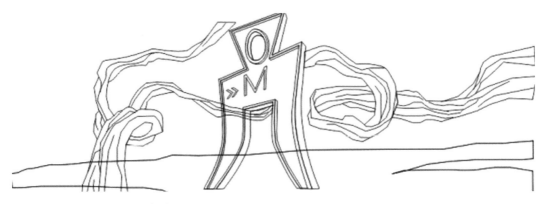

图5-9　证券公司大厅壁画线描稿(一)

案例三为华泰证券大厅设计方案二，表现比较直白，利用证券公司的牛市和熊市之间的关系对应于股市的波动效应，采用的是比较民俗的龙凤呈祥的处理手段，如图 5-10 所示。

案例四为民俗木门的造型，红门金钉、云纹、虎头，如图 5-11 所示。

案例五为民间木雕效果，莲、藕、鱼造型代表年年丰收平安的寓意，如图 5-12 所示。

以上为壁画、木浮雕等案例的寓意和具体图片的线描稿及着色后效果图展示。

图 5-10　证券公司大厅壁画线描稿（二）

图 5-11　民俗木门线描稿

图 5-12　民间木雕线描稿

二、上色稿的表现

案例一：对图 5-8 线描稿进行上色处理，其中包含了图案填色、纹理的制作等（关键是需要填色的图形均需要封闭处理），如图 5-13 所示。

案例二：为图 5-9 的上色完成效果，重点是彩带的渐变和线描的立体透视效果处理，如图 5-14 所示。

图 5-13　翎人上色处理后完成稿

图 5-14　证券公司大厅壁画上色处理后完成稿（一）

案例三：为图 5-10 的上色完成效果，重点是如何处理龙鳞的排列关系，如图 5-15 所示。

案例四：为图 5-11 的上色完成效果，重点是门钉的排列可以一次完成，如图 5-16 所示。

案例五：为图 5-12 的上色完成效果，重点是鱼鳞的前后处理和渐变填色，如图 5-17 所示。

图 5-15　证券公司大厅壁画上色处理后完成稿（二）

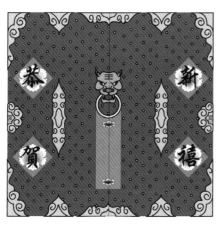

图 5-16　民俗木门上色处理后完成稿

图 5-17　民间木雕上色处理后完成稿

第三节　壁画设计制作的范例

一、某机场壁画的制作

某机场壁画（材料为聚丙烯）尺寸为 600 cm×200 cm。

利用曲线图进行绘制操作，在软件中如果需要填色，必须封闭，因此在绘制的过程中整体的外轮廓是放置于整个图案的最底层，层层叠加，最前面的图案整体展示在最上层。

首先在 COREL 软件中新建图形大小为 600 cm×200 cm 的文件，由于图案的对称性，在绘制时以中心线对半的方式开始，在文件的中间 300 cm 处绘制一矩形，并用底纹填充的方式对矩形进行填充，效果如图 5-18 所示，再利用矩形和贝塞尔线绘制调整填色效果。

注：由于矢量软件的特点是图形必须封闭才可以上色，因此所有图形均需要单独绘制，并层层叠加处理。

图 5-18　底纹填色

继续绘制中间人物造型的效果图，在此需要用到螺旋工具，不用着色，只是选择线条。轮廓笔的颜色为白色，0.175 mm 粗细，将半边的牛头、眉毛、眼睛、螺旋线等选中水平镜像在副本设置为1，应用后水平移动到中心对称处，得出效果图 5-19 所示的效果，至此中心效果完成。

利用贝塞尔曲线绘制人物造型，并填上相应的色彩，利用复制、粘贴等功能，方便快捷且绝不走样，效果如图 5-20 所示。

同样的方法复制壁画的另一边，完成壁画的另一边效果，如图 5-21 所示。

注：在利用贝塞尔工具绘制曲线时在能够达到曲率要求的条件下，节点的数量越少越好，这和三维软件的要求刚好相反。

下面鸟状造型的绘制方法同上面人物造型，在填充色彩方面，鸟状造型内运用底纹填充，如图 5-22 所示。

水平镜像复制再合成后，为背景填上色，完成整体设计制作，效果如图 5-13。

由于本例大多数是处理曲线，因此雷同部分就不赘述了。

利用 COREL 软件绘制该图的特点是利用贝塞尔曲线封闭填色，练习完这个案例后对于形的绘制将会非常得心应手。

图 5-19　具像曲线绘制

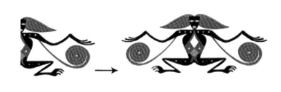

图 5-20　水平镜像复制

图 5-21　复制完整效果

图 5-22　完成鸟曲线及填充

二、华泰证券公司壁画的制作（一）

华泰证券公司的大堂壁画，尺寸目前暂定为 600 cm×200 cm，材料同为木板底板，丙烯绘画。利用软件新建 600 cm×200 cm 的文件（具体的尺寸利用该软件可以非常方便地调整）。

注：该图的绘制特点不仅仅是封闭曲线的填色，还要注重透视、立体的表现。

首先绘制地面的曲线，可以不用刻意调整，只要做到自然便可，关键是比例按整体效果的三分之一，放置于壁画稿纸的底部，填上底纹，选择效果菜单中的透视功能，利用透镜功能调整为透视效果，如图5-23所示。

彩带的绘制要流畅、飘逸，中间的线为增加立体透视效果，中间部分为穿过古钱币部分，如图 5-24所示。

地面的位置设计完成后，进行中间古钱币的设计制作。古钱币为战国晚期的三孔布造型，设计上采用规范的原型立体效果，去掉了下面的两个孔，保留了上面的孔，在孔的设计上需要和整个外形进行合并操作（选择两个图形，点击合并钮，并将两不相干的形状合并为同意属性的图形，这样才是真正地在图形上开了一个孔），效果如图 5-25 所示。

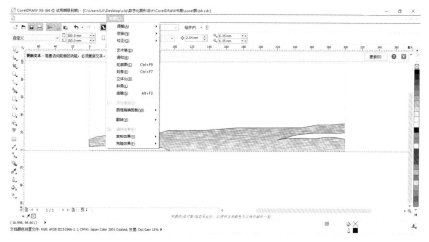

图 5-23

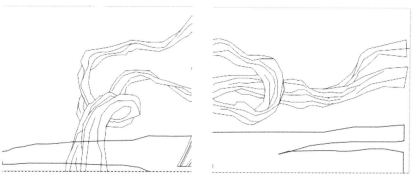

图 5-24　飘带的线描

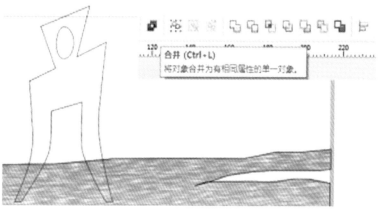

图 5-25　古钱币外轮廓

大的造型设定完成后，制作其厚度效果就比较方便了。将图形复制，并局部调整，填上需要的颜色便可，效果如图 5-26 所示。

图 5-26　加厚度和上色

然后添加文字，先设置为文字方式，添加轮廓并渐变填色，移动旋转放置于相应的位置，再利用工具中的立体化工具制作立体效果，如图 5-27 所示。

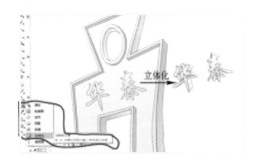

图 5-27　加文字

完成钱币的制作后，接着是飘带的绘制。飘带需要动感，且贯穿整个画面，首先封闭曲线，填上大红色（R:256,G:0,B:0），效果如图 5-28 所示。

飘带还需有皱褶感，因此在设计绘制时需要大刀阔斧，用黑色细线表现（不需要封闭），并仔细调整皱褶效果，如图 5-29 所示。

图 5-28　彩带上色

背景导入一张天空的位图，放置于整个画面的最下端，边缘如果无法处理可以用白色无轮廓的矩形进行遮盖处理，最终效果如图 5-14 所示。

注意：该作品的绘制特点是线条的绘制，和上一个案例的不同之处在于此案例曲线不需要平滑，有的还需刻意调出疙瘩，做出飘的效果。

图 5-29　彩带的立体透视效果

三、华泰证券公司壁画的制作（二）

华泰证券公司的大堂壁画尺寸目前暂定为 600 cm×200 cm，材料同为木板底板，丙烯绘画。

新建一 600 cm×200 cm 的文件，同样首先在壁画的正中间绘制一内方外圆的铜钱，先用椭圆工具绘制大小为 28 cm 和 26 cm 的两个圆（椭圆工具配合 Ctrl 键）并分别用辐射渐变的方式，从边上的黄色向中间的白色过渡，并同心叠加（用 Shift 键配合鼠标将两个圆选中或框选，点击属性栏中的对齐工具，选择水平和垂直中心对齐），如图 5-30 所示。

铜钱的设计制作：铜钱中间的正方形的绘制方法同上，边分别为 10 cm 和 9 cm，只是需要将两个矩形合并，并用贝塞尔曲线绘制云纹（由于云纹不上色，因此不需要封闭处理）。

文字的处理采用黄色填充，华文行楷字体，16 磅大小，并在排列菜单中选择拆分美术字功能，将字体拆分为单个个体，利用辅助线放置于铜钱的相应位置，如图 5-31 所示。

注：也可以用辅助线选择一个点，辅助 Ctrl 键和 Shift 键从中间开始绘制圆或正方形。

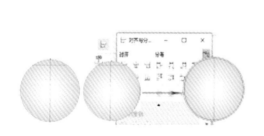

图 5-30　渐变填色的圆

图 5-31　铜钱效果

熊的外形设计制作：在铜钱的正下方用贝塞尔工具绘制熊的外轮廓，由于有毛和熊掌的缘故，绘制的过程需细心，并用淡蓝色向白色过渡（熊的姿态为四脚朝天，意为熊市的坍塌）。为了好看，在熊的身上添加两朵民俗的花，完成熊的绘制，如图5-32所示。

牛的外形设计制作：接着完成两头牛的绘制，两头牛以俯视的角度看着四脚朝天的熊。牛和熊的形状基本上保持接近现实中的实物，两头牛的形状基本相同，唯一的不同之处在于头部的角度，如图5-33和图5-34所示。

注：由于牛蹄的颜色为红渐变为黑，且过渡较快，对于整体填色操作难度较大，因此牛的四个蹄子单独绘制，由红向黑渐变后融入牛身中。

图5-32 熊的效果

图5-33 牛的效果

图5-34 合成效果

凤凰的外形设计制作：下面进行飞翔的凤凰的绘制，凤凰的色彩取用喜庆七彩色，造型采用民俗中常见的样式，绘制比较简单，关键是图形的前后方面的处理，如图 5-35 所示。

龙的外形设计制作：龙通常与凤凰相对应，寓意高贵富足，由于生活中并不存在这两种物种，因此其外形的设计以民间传说为依据。头部造型与凤凰对称，首先绘制出头部、身体外形和四个爪子尾部（同牛尾部，用细线填实）等效果，如图 5-36 所示。

龙的鳞片绘制从尾部开始，一层层叠加，被覆盖的部分造型要求可以不必太规整，轮廓和填充色为洋红（R:255、G:0、B: 130）和白色，由于外轮廓的形状、粗细、方向均不同，因此鳞片的绘制只能逐个复制再利用形状工具调整到满意为止。在调整的过程中将图片放大到足够大，具体效果如图 5-37 所示。

调整到位后缩小到原来的大小，便可得到满意的结果。再添加一些龙爪和鳍，完成龙的整体效果，如图 5-38 所示。

将隐藏的所有局部效果显示并添加一纹理背景，最终效果如图 5-15 所示。

注：由于该图比较繁杂，因此在绘制有些地方，比如牛身，最好以大块的红色填涂，无须添加底纹。在绘制龙鳞时，需及时调整方向。还有云和花皆不能过于复杂。

图 5-35　凤凰的效果

图 5-36　龙的外轮廓

图 5-37　龙的鳞片处理

图 5-38　龙的效果

四、某木门装饰的制作

此例为民俗木门的造型，红门金钉、云纹、虎头，为较为普通的旧式中国民居大门的最终效果。

从图案分析，该图比较简易对称，荷花可从案例三中复制至该图，关键是图层的前后关系处理。

首先建一大小为 200 mm × 200 mm 的正方形，轮廓为细黑线，底色为大红色，再绘制一大小 1.6 mm 的轮廓为 0.3 mm 的黑色圆，利用平移变换工具，首先选择圆，设平移距离为 0，垂直位置为 -10，副本数量为 19。点击运用，会垂直复制一排圆，如图 5-39 所示。同理再次复制一列，向下移动 5 mm 后选择两列再次利用平移复制的方法直接设置副本数量为 9 个，完成整个矩形的圆形绘制（圆形为钉子的样式）。

注意：此类钉子的复制类似于阵列的设计制作，可以快而准确地绘制。需要注意的是水平复制和垂直制作时的移动数据和副本个数的设置。

利用贝塞尔工具绘制虎头的关键是需要细致地调整其效果（如图 5-40 所示），并放置于矩形的正中间，同时将虎头缩小且将填色去掉，作为后面的铜饰文案。

接下来绘制门边的铜包和铜装饰纹理（云纹）。在绘制云纹时要求曲线外形光滑，用接近铜的黄色，并在上面绘制纹理，用黑色线描，将虎头缩小且将填色去掉置于团云纹中，结果如图 5-41 所示。

注意：云纹是中国传统吉祥图案中最为重要的装饰纹样，具有强大的生命力和代表性。

中间的铜包边为中间云纹的各类拆分并放置于门的各个部分。做好半边后水平镜像复制，将虎头放置于中间。整体效果如图 5-42 所示。

中间荷花的图案和效果直接采用案例三中牛身上的花，稍作修改。为了突出其文字的效果，采用与背景色调反差较大的淡蓝色，门的正中间门环下面为过年时的对联，文字采用华文楷体，最终设计效果如图 5-16 所示。

注：该案例操作较为简单，要会运用门钉的阵列设计，这样会节约很多时间，且效果良好。

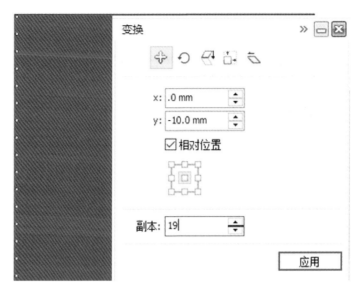

图 5-39　圆钉的复制

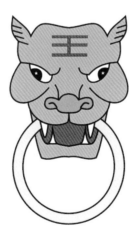

图 5-40　虎头的绘制

图 5-41　云纹的绘制

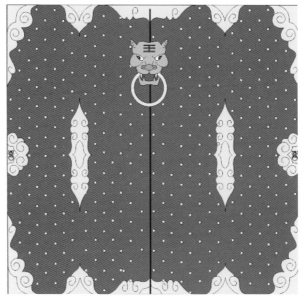

图 5-42　整体效果

五、矢量图设计的木雕效果图

此例为木雕设计，图样为民间民俗的五谷丰登的效果。在新建文件中建一300 mm×300 mm 的正方形文件，并绘制一 280 mm 直径的圆，填上大红色（R：256、G：0、B：0）。

荷花取用案例四中的荷花的颜色和样式。

此图中较为复杂的就是鱼的样式的绘制，其具体的制作步骤如图 5-43 所示。

注：图中的鱼表示年年有余。藕在南方被说成"莲菜"，谐音"敛财"，表示发财富足的意思，还有就是藕出淤泥而不染，表示清廉高尚。红色底色为喜庆的颜色。此木雕中的造型基本上为最为常见的民俗造型。

荷花、藕和荷叶的具体制作步骤如图 5-44 所示。

将绘制好的图案放置于一圆形中，圆形底色采用中国大红色，形成图 5-17 所示的效果。

注：该木雕的设计及绘制以喜庆的年画模式为模板，纹样以民俗的造型为基础。

以上五个案例为壁画、木雕及老式门等文案及样式的设计制作。CorelDRAW 软件制作的图样可以无损耗地放大，具体的填色也可以非常方便地进行修改。由于是矢量图，样式的修改也很容易。同时也可方便地转换为向量图。

图 5-43　鱼的绘制步骤与效果

图 5-44　藕的绘制步骤与效果

　　总结：该章节的侧重点是关于形的描述（该软件的填色均须在封闭的曲线内），在设计完成后如何运用贝塞尔曲线去调整出相应流畅的曲线尤为关键。

第六章 数字化室内外环境艺术设计与制作技法

环境艺术是一个大的范畴，综合性很强，是环境艺术工程的空间规划、艺术构想方案的综合规划，包括环境与设施规划、空间与装饰规划、造型与构造规划、材料与色彩规划、采光与布光规划、使用功能与审美功能的规划等。环境艺术是绿色的艺术与科学，是创造和谐与持久的艺术与科学。城市规划、城市设计、建筑设计、室内设计、城雕、壁画、建筑等都属于环境艺术范畴。它与人们的生活、生产、工作、休闲的关系十分密切。

随着人们生活水平、居住水平的提高，人们对各类环境艺术质量的要求越来越高。最初人类为了避风雨、御寒暑和防备野兽侵袭而产生的建筑物，如今已发展为一门艺术，它的存在及发展极大地改变了人们居住的环境和生存的空间。环境艺术的理念和实践就是在这样的背景和基础上发展起来的。毋庸置疑，不同的文化、不同的时代、不同的地域，对于环境的要求、审美的要求存在着很大差异，因此在设计上形成了不同的风格。

著名环境艺术理论家多伯（Richard P. Dober）说："环境艺术作为一种艺术，它比建筑艺术更巨大，比规划更广泛，比工程更富有感情。这是一种重实效的艺术，早已被传统所瞩目的艺术。环境艺术的实践与人影响其周围环境功能的能力，赋予环境视觉次序的能力，以及提高人类居住环境质量和装饰水平的能力是紧密地联系在一起的。"多伯的环境艺术定义具有一定的权威性，是较全面、较准确的定义。环境艺术范围广泛、历史悠久，不仅具有一般视觉艺术特征，还具有科学、技术、工程特征。总体来讲，环境艺术的定义概括为"环境艺术是人与周围的居住环境相互作用的艺术"。

环境艺术就其本身而言，具体可分为室内环境艺术和室外环境艺术两大类。

第一节 室外环境艺术设计分类与表现技法

人类一开始居住在树上，以巢居为舍，以避野兽和挡风雨为主；后上下不便，改为依山洞而居；洞内石材温度低，冬季寒冷，又改为黄土之中，挖土为穴；在穴中冬暖夏凉，但长期不透阳光，阴暗潮湿，又逐渐从地下改为一半地下，一半地上称为半穴居；后发展为在地面盖房子，因而有了今天的楼台等建筑。随着社会文明的发展，人类对于居住环境也有了越来越多的要求。

建筑是环境艺术的主要载体，因此可以从建筑艺术观念的变迁中看到环境艺术观念的变迁。从建筑诞生之日起，它便是作为人的环境出现的。

随着社会的进步，人们也不仅仅满足于室内的居住，对室外的环境也逐步有了一定的要求，逐渐的，室外环境艺术设计得以发展。如今室外环境艺术设计已经成为一门融汇诸多学科的综合性的工程艺术，具体可解读为区域土地及土地上物体所表现的空间构成，它是人类在复杂的自然界中留下的印记，通过人工构筑手段，综合山水、植物、建筑结构及多种功能而形成的空间艺术实体。环境艺术是人类对自然环境的美化过程，是人类与自然的沟通与交流，凝聚着人类对自然的美的情感与向往。

一、室外环境艺术设计分类

室外环境设计又称为景观设计，一般以自然美为特征。成功的景观设计应满足人们对物质、精神和审美的三大需求。设计人们居住的环境，应以舒适、美观、实用为前提。因此在景观设计中，环境优越的即可利用自然环境直接生成景观，而环境不佳的就需要人工创造了，其表现手法也是多种多样的。

从建筑价值观出发，建筑的演变大致经历了以下五个阶段：

（1）实用建筑学阶段，追求适用、坚固、美观的建筑。

（2）艺术建筑学阶段，视建筑为"凝固的音乐"。

（3）机器建筑学阶段，把建筑看作"住人的机器"。

（4）空间建筑学阶段，认识到"空间是建筑的主角"。

（5）环境建筑学阶段，认为建筑是环境的科学和艺术。

建筑按其属性可划分为城乡风貌、地域文化和民俗风情三大类，按空间可划分为街道、广场和公园三大类景观，如图6-1所示。

二、 室外环境艺术设计的组成要素

由前文可知环境艺术是人与周围的居住环境相互作用的艺术，即由场所艺术、关系艺术、对话艺术和生态艺术等组成。

场所艺术：不仅指物质实体、空间等这些可见的部分，还包括不可见的但确实对人起作用的部分，如氛围、活动范围、声、光、电、热、风、雨、云等，它们是作用于人的视觉、听觉、触角、心理、生理等方面的诸多因素。其关键问题是，经营位置及如何有效地利用自然结合人文的各种材料和手段，如光线、阴影、声音、地形、历史典故等，形成其环境特有的性格特征，如图6-2所示。

关系艺术：是指在环境艺术设计时，恰当地处理各方面的关系，如人与环境的关系、环境与环境之间的关系、因素内部之间的关系等等。关系可再分为不同的层次、不同的范畴，如人、建筑、环境，人、社会、自然，人、雕塑、背景等等。其中不能忽略的核心是人，因而以视觉感作为衡量关系处理得好坏、水平高低的标准，如图6-3所示。

对话艺术：体现在两个方面。一方面，环境所包括的内容非常庞大，它们之间需要有机地组合起来，彼此进行"对话"；另一方面，人们希望这种彼此间的"对话"体现出当代环境以人为主的民主性特征。随着社会物质生活质量的提高，人们已经不能满足于仅仅是物质的丰富和表层信息变化的享有，也不能容忍那种压抑的环境。人们开始在精神方面追求深层次的心理满足、感情的交流和陶冶，追求美和美感的享受，于是就产生了人如何与环境对话的问题，如图6-4所示。

生态艺术：包涵自然生态、社会生态和文化生态三组相关的内容和内涵。自然生态是人类赖以生存的物质环境、可持续发展的有机资源；社会生态即人类现存的法学意义上的外在制度系统；文化生态则是人类生存的精神依据，它包括人文传统及其对传统所加入的共时性创造意识。这三组生态的逻辑关系是社会生态受文化生态的意识制约，进而影响并改变自然生态。我国景观设计的理念从第一代的"坐北朝南，取自天然"到第二代的"亲水近水"，再到第三代的"绿色景观"，直至第四代"绿色、环保"的景观理念，意在寻求一种自然、景观和人三者之间的和谐统一，利用自然条件和人工手段创造一个健康舒适的生存环境，实现自然索取与回报之间的平衡。

绿色、生态、环保的景观设计是多种技术的集成，要考虑取景、借景、造景、遮景，将景观融入周围的大自然中，借地貌、山水、森林造势，追求与大自然的和谐交融。

图 6-1　空间划分的城乡景观

图 6-2　空间划分的公园景观

图6-3 关系艺术空间

图6-4 对话艺术空间

第二节　室内艺术设计分类与表现技法

　　室内设计在我国是一个既古老又新兴的行业。实际上现代室内设计在我国始于 20 世纪 80 年代末，与国家的改革开放同时发展起步。随着人们生活水平的不断提高，人们对于居住条件以及环境的要求也越来越高。因此不断完善室内环境、美化室内总体布局，设计创造一个更人性化、舒适化、现代化的室内环境，成为室内设计师们最重要的目标。

一、室内设计的形成及风格

　　因为人们有着不同的爱好和文化修养，室内设计的风格也是千变万化，在风格各异的室内环境设计中，最为流行和受大家推崇的有传统型、现代型、自然型及混合型等。

　　传统型：中国传统的室内设计风格是延续我们祖先的生活环境及生活习俗而逐渐形成的。传统的室内设计在气质上庄严典雅，在气韵方面潇洒飘逸。主要是通过室内布置、室内的色调、室内的家具等方面的有机组合来体现室内的美感。无论是从结构上还是从装饰上来看，中国传统的室内环境设计风格都表现出了端庄、大方的意境和华丽的色彩。从家具的陈设到饰物的布置讲究格局的整齐，采用对称构图方式，从而达到端庄统一的目的，总体空间设计鲜明地体现出了形神统一的风格。

　　现代型：现代室内设计风格起源于 1919 年，为鲍豪斯学派风格，该学派强调突破旧传统，注重功能和空间组织，注意发挥结构构成本身的形式美。现代型风格是目前比较流行的风格。其追求时尚与潮流，更加符合现代人的审美观。现代型设计的风格具体表现为外形简洁，实用功能性大，装饰的形式不拘一格、大胆多样。强调室内空间形态的单一性，其家具设计运用几何要素式，体现出一种简洁美。在用料方面极其讲究材料自身的质地和色彩的配置效果，采用不对称的构图手法，更加重视实际的工艺制作等方式，为现代人的生活提供了极大的方便，如图 6-5 所示。

图6-5 现代室内设计

自然型：自然型室内设计风格体现淳朴自然、返璞归真的感觉。在家具上选用一些原木的家具，体现出了一种清新自然的格调。自然风格在设计理念上倡导"回归自然、返璞归真"，崇尚自然之间的结合，以使人们在当今快节奏的生活中取得生理和心理的平衡与安慰。因此在室内多使用木料、织物、石材等天然材料作为家具和装饰品，体现出清新淡雅的意境，与田园风格相类似，因此将田园风格与自然风格纳入一类。为了体现室内环境中的悠闲、舒畅、自然的田园生活情趣，也常使用天然木、石、藤、竹等纹理，表现出室内的自然、简朴、高雅的氛围，使人感受到纯天然的气息。

混合型：混合型的室内环境设计风格是当今社会比较流行的一种。它摒弃了单一的设计风格，融合了以上各种各样的设计手法和特点，在不同的设计风格中采取平衡之道，呈现出多元化、多样化的设计风格，在装饰的过程中充分体现出其实用性。混合型设计将传统型与现代型融为一体，在设计中不拘一格，融合东西方文化，强调形体、色彩、材质等方面的总体构图和视觉效果。

二、室内设计的目的

随着人们物质生活水平的提高，人们对室内设计的要求越来越高。八小时工作以外的大多数时间，人们的生活环境是在家中，因此居家生活的环境在人们的生活中起着非常重要的作用，室内环境设计的作用也越来越大。

室内环境设计是为了满足人们的物质需求和精神需求，与人们平时的日常生活紧密联系。室内环境设计的根本目标就是从人们的总体需求点出发，进而满足人其他的生理和心理的需求，保证人们的人身安全和身体健康。具体来讲，就是以人为本，积极营造室内的总体布局和构造来进一步满足人们的物质需求和精神需求。室内环境艺术设计要注意把握空间、色彩、光影、装饰、陈设等几个方面的要素。

三、室内设计的技法表现

利用平面软件进行环境艺术设计，无论是室内环境抑或是室外环境的设计效果图的绘制，均离不开透视、阴影、明暗、对比等绘画技法，其中最为关键的是透视法。

设计师们要想准确、清晰地表达自己的设计构想，必须利用透视法。透视效果图是所有设计创意中最具表现力、最引人注目的一种视觉表达形式，能逼真地表现设计师的创意、构思，直观、简便且经济。

四、室内设计的规律

一个完美的设计需要设计师具有全方位的知识结构和渊博的知识。首先室内设计的比例要符合黄金分割法则（一条分为两段的线，长线段和短线段的比例等于整条线与长线段的比例），归纳起来可分为绝对尺度比例和相对尺度比例两类，前者强调增大或缩小室内体积形状或图案表现特征和氛围，后者强调视觉尺度的变化，有时设计师会故意采用比例失调的手法达到夸张空间的效果。如在有限的空间利用玄关、通道等辅助空间的设计，以渐进的方式衬托主要空间的特性。利用视觉的明暗渐变，根据空间维度设计构成元素，达到调节人们的情绪的目的。

第三节 室内外设计制作范例

下面对实际范例的具体制作方法进行逐步剖析。

一、透视效果的表现案例分析

透视图是投影画法的一个重要组成部分，在效果图制作中利用透视原理表现外立面的整体效果是必要的。透视的方式具体可分为三个方面：平行投影（各种制图和平面几何法）、轴测投影（无灭点立体法）和中心投影（焦点透视法）。

单就透视图而言，一类是以色彩的冷暖、明暗来表现空间深度，另一类是以线、面、体和轮廓的变化及一个灭点、两个灭点或三个灭点的透视线图表现空间深度的。在绘制各种空间环境和主体效果的过程中，首先画出透视骨架（即透视线图），按一定的比例和方法绘制出空间和物体结构之间的组合关系，再填上适当的色彩。透视图框架网格用计算机绘制比较容易，且可以反复利用。下面以具体的范例进行演示说明。

案例一：以最简单的两点聚焦为一点的透视方法为例制作一外立面的效果。

首先制作一地面透视的效果，拉出一个十字辅助线，以辅助线为基准绘制两条水平线和一条垂直线。

依照透视原理逐条绘制水平透视线以及垂直透视线，如图 6-6 所示。

将绘制好的透视线颜色改为灰色，作为辅助参考。利用表格功能绘制一横 12 格、竖 10 格的表格，如图所示 6-7。

利用正立面格点和透视线的焦点为准点绘制侧立面辅助线，如图 6-8 所示。

完成以上工作后，侧立面就比较好绘制了。沿辅助线的方向，宽度以正立面的宽度为准，先绘制一矩形，不填色，转换为曲线，利用形状工具调整矩形的四个点，使之符合透视辅助线规划，如图 6-9 所示。

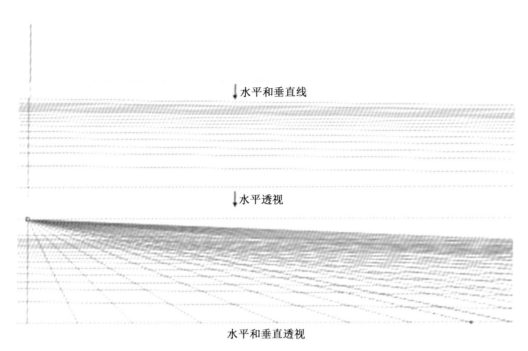

↓水平和垂直线

↓水平透视

水平和垂直透视

图6-6　两点透视原理

图6-7　利用透视点绘制网格

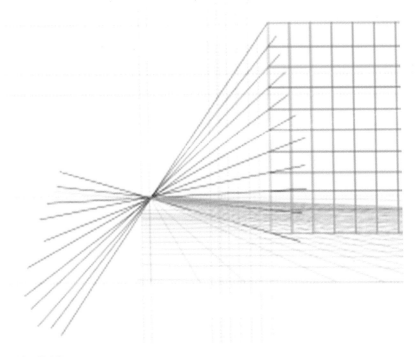

图 6-8　侧立面辅助线

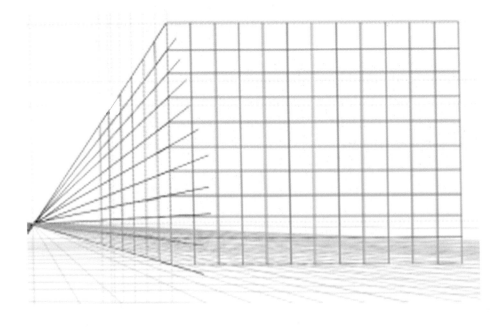

图 6-9　侧立面墙

去除所有辅助线，保留地面透视线，将侧立面和正立面全部选中，利用方形渐变填色工具填上相应的两色渐变效果，如图 6-10 所示。

　　结语：利用透视网格可以很快得出准确的、具像的空间效果，计算机在使用透视网格上有得天独厚的优势。

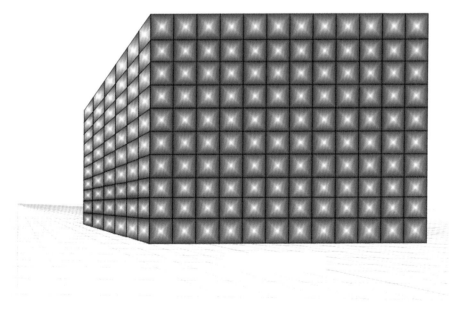

图 6-10　外立面填色效果图

二、利用透视网格功能设计室内大厅效果

案例二：图 6-11 所示的是上例的再利用，利用透视网格完成地面墙体的设计制作。

首先利用贝塞尔工具绘制一水平线作为基线，再在中间绘制一垂直线，以一点透视的方法绘制透视线（在绘制线时，复制已绘制好的透视线，只需用形状工具调整另一端便可，无须调整透视点的端点）。将所有的透视线群组，便于后面隐藏。以外边缘为基准，绘制一透视梯形，用图纸工具绘制一 22×18 的表格，如图 6-12 所示。

图 6-11　网格透视

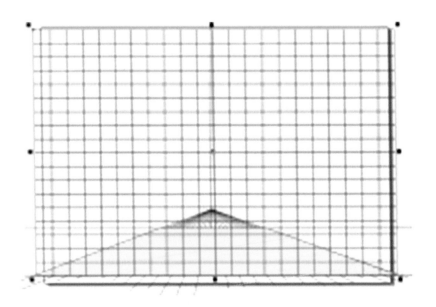

图 6-12　表格工具的运用

将黄色的梯形调到最前面，网格填上方角渐变（灰绿、白色），选择效果菜单中的封套功能，用封套功能中的吸管点取黄色梯形应用（此功能将网格按照梯形的形状放置，也即形成我们所需的透视地面效果，如图 6-13 所示。

后面的透视墙面均以此方法绘制，也可以直接使用效果菜单中添加透视点的方法调整完成。

绘制好地面效果后，完成左边效果，绘制一面大厅的墙（也同样利用图纸工具 4×3 直接填以灰白色和 3×3 灰绿、白色方角渐变），边上利用渐变的线性特征做成柱子效果，如图 6-14 所示。

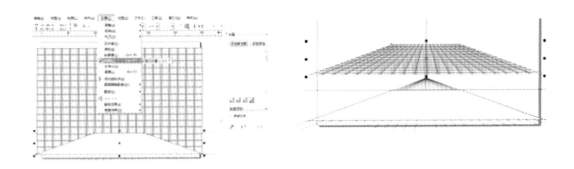

图 6-13　网格填色效果

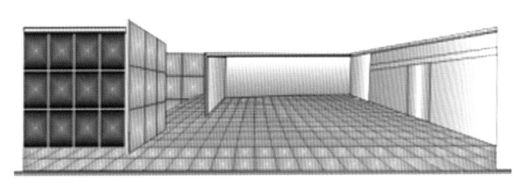

图 6-14　大厅墙面效果

边缘多余的地面用白色的矩形以无轮廓的方式遮盖，大堂中央和右边的绘制基本上是使用矩形转换为曲线，利用形状工具调整，渐变填色，效果如图 6-15 所示。

上面的墙面就比较简单了，和地面的制作方法相同，注意透视方向便可。

注意：如果几大块所填的颜色模式相同，快捷的方法是先将需要填充的形状选中，最后选择已填好的形状，再填充时则不用调色直接就是所需的模式和色调，如图 6-16 所示。

在正厅和右侧面添加两张壁画的效果，首先导入两张位图，正面的图片比较好完成，用矩形填线性渐变制作边框镶嵌便可。右侧的图片需要调整角度，因此需要使用效果菜单中的添加透视点来直接完成调试，如图 6-17 所示。

注意：在调试位图时，尽量将位图调整得大些，否则会出现空白。阴影利用交互式投影工具制作，利用效果菜单中的透镜使边缘柔和，并放置于相应的位置，效果如图 6-17 所示。

制作的最终效果如图 6-18 所示。

结语：两点透视的方法是制作室内效果图的关键。

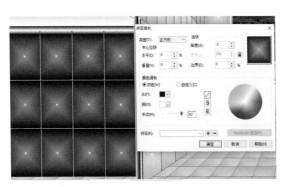

图 6-15　墙面渐变效果

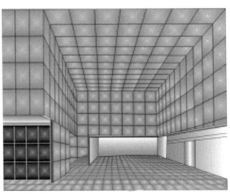

图 6-16　大厅填色效果

图 6-17　位图的调节及厚度效果

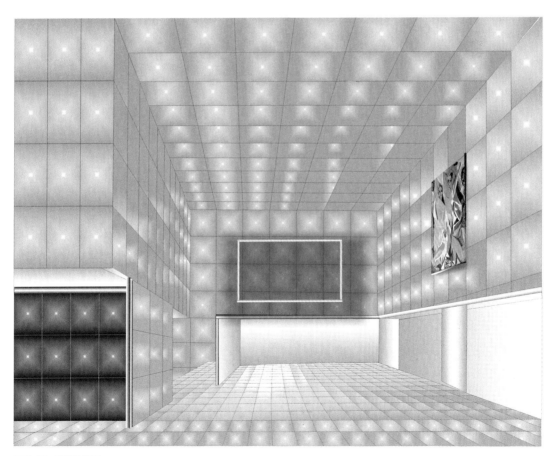

图 6-18　最终效果图

三、 利用透视线条功能设计室内书房效果

案例三：室内（书房）效果制作

本案例主要以透视线条配合不同的形状为制作结构基础，色调以简约的灰白为主色调，如图 6-19 所示。

首先制作地面，同前例。用两条辅助线决定透视的水平和焦点，用矩形转换为曲线，调节成一透视梯形，填上浅蓝灰色到深蓝灰色的线性渐变，用贝塞尔曲线绘制一根直线，复制直线，用形状工具选择前面的节点，水平调节一定的距离，如此反复完成左边的线后，将所有的线群组，选排列菜单／变换／缩放和镜像功能，水平镜像选"应用到再制"。右移到对称的位置，在多出线的部分绘制一矩形（颜色不限，大小要超过多余线的部分），选择矩形，点击排列／造型／造型功能，勾选来源对象，选择修改后去除矩形（此功能可以修剪多余线的部分）。房间的两边多余部分也一样，用不填色矩形绘制房间正面大小，如图 6-20 所示。

图 6-19　室内书房的效果

用表格工具建一个列为 1、行为 60 的表格（不填色，用于天花板的制作），再用矩形绘制透视墙面和二次吊顶的效果，如图 6-21 所示。

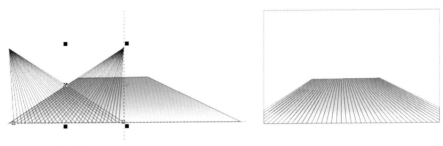

图 6-20　透视地面的绘制

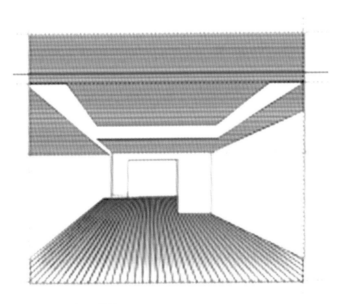

图 6-21　天花板的绘制

反复使用矩形填以不同的颜色绘制左墙面的门、柱、窗及阳光投影效果，如图6-22所示。

同样的方法制作阳台，阳台的外面导入树木的位图，用位图菜单/艺术笔触/素描功能将位图色彩减弱，造成有玻璃的效果，如图6-23所示。

用矩形工具绘制一矩形，填上浅灰色，转换为曲线，调整为阳台光照效果，用效果/透镜中使明亮效果得到如图6-24所示的效果。

注意：室内的其他物件可以根据自己的需要绘制，并放置于相应的位置。该案例的重点在于透视地板、墙面、吊顶等整体效果的绘制及阳台的位图调节和光影的运用（和绘画相同，根据需要逐层添加，利用计算机可以非常方便地调色产生透明效果）。

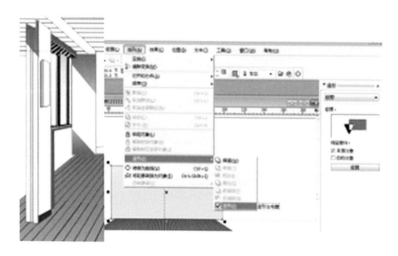

图6-22　具体绘制效果

图 6-23　位图的导入和调色

图 6-24　光照效果

四、利用透视线条功能设计台阶效果

案例四：制作外观台阶效果

外观楼梯有许多不同的设计样式，相对其他物体，它的规范性使制作相对比较简单，几乎都是利用矩形完成的，如图 6-25 所示。

首先我们设计左面的墙体和栏杆，利用矩形，并使之转换为曲线，利用形状工具调整。有时为了快捷方便，复制调整好的第一个形状（免去了转换为曲线工具的使用）并调整为下一个所需形状，在表现力不够的情况下添加或减少节点（形状工具在有节点的地方双击为减节点，在没节点的地方双击为加节点。节点可利用属性栏设置为连接和断开，直线转换为曲线或反过来，转换为尖突、平滑、对称等类型的节点）。扶手用矩形线性渐变填色调整，如图 6-26 所示。

调整护栏时，先画出矩形和两个椭圆，并全部选择，在属性栏中选择结合工具将其结合为一体，表现为矩形中抠了两个洞的效果。结合扶手复制调整为整个左边扶手，其上的立柱用矩形填上渐变柱子的绘制方法，相应地复制调整位置和方向，便得到如图 6-27 所示的效果。

下面是台阶的制作，利用一根与左护栏呈一定透视关系的辅助线作为台阶的基点，将一个台阶的基数（以一个浅色矩形和深色一点的矩形为一组调整出台阶的平面和高度，浅色为平面，深色为高度）沿辅助线排列并复制一组，如图 6-28 所示。

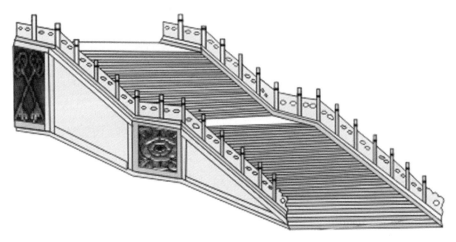

图 6-25　制作完成的台阶

在此组台阶上用矩形绘制一稍宽一点的矩形作为平台。再将这组台阶整体复制为更高的一组，完成整个台阶的制作。同时将左面的扶手复制到右边，产生完整的楼梯效果，如图6-29所示。

导入两张石雕的位图放置于墙体的两个平台处，用形状工具调整吻合（注意在用形状工具调整位图时，最好是由大往小的方向调整，反之可能会出现白色填充效果），最终结果如图6-25所示。

注意：该案例的特点是利用矩形颜色的深浅制做成台阶的高度和平面，从而进行复制和调节。关键是护栏的形状不同，台阶的方向也应相应调整。

结语：绘制楼梯时平行矩形的复制方法比较关键。

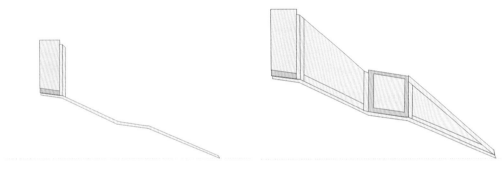

图6-26　台阶扶手的绘制

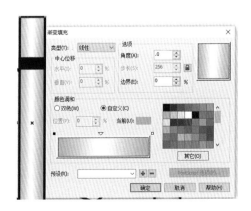

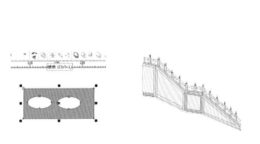

图6-27　护栏扶手的绘制

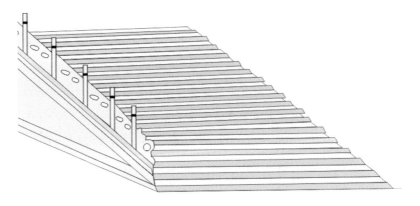

图 6-28　台阶的效果

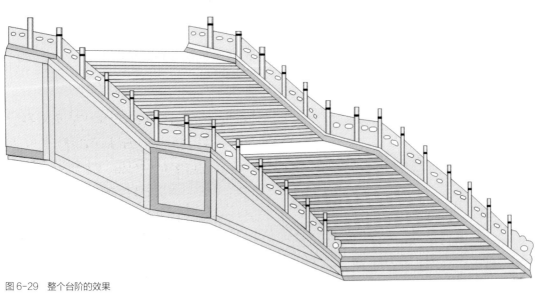

图 6-29　整个台阶的效果

五、亭台设计效果

案例五：亭子的效果制作

中国古代以楼台亭阁为主要休闲建筑主体，其设计风格多种多样，美轮美奂。本例以最为常见也最中规中矩的亭子为例，如图 6-30 所示。

首先建底层，该软件的图层将先建的置于后部，因此建好后群组，便于调整其前后关系。左边利用矩形绘制完成后，取排列菜单中变换功能中的缩放和镜像功能，选择水平镜像中"应用到再制"，镜像完成右边功能，如图 6-31 所示。

图 6-30　亭子的绘制效果

中间的台阶绘制同上例，在此不赘述了。利用矩形绘制完成亭子前廊的框架，在绘制的过程中，要注意图形的前后关系，同时要利用计算机所特有的复制、镜像等优势省去了许多步骤，如图 6-32 所示。

绘制瓦面时，利用矩形调整为圆柱，填上线性渐变色（同台阶中护栏柱体绘制方法）。两个为一组，一个中间高光为鼓出，一个中间暗调为凹进，柱体前面绘制一边较粗的圆，表示空心，群组后复制整个瓦面效果，并根据亭子角上翘的原理对复制的瓦的长短进行调整（注意调整时要解散群组），如图 6-33 所示。

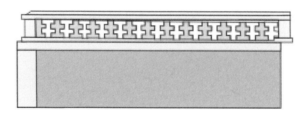

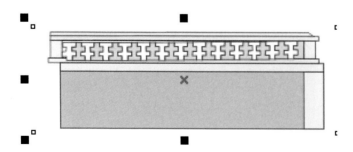

图 6-31　左右底座效果

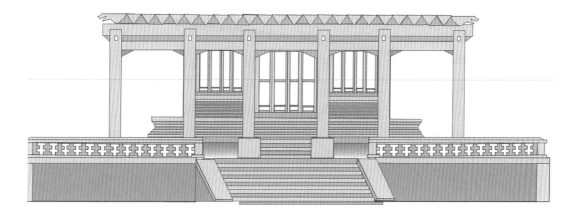

图6-32　亭子底座亭廊的效果

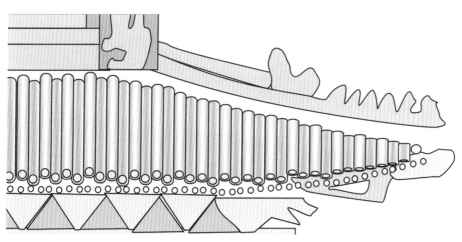

图6-33　瓦当的效果

瓦上面的檐面由矩形和曲线绘制而成，没有太多的难处，只要细心，把握住型的绘制要领便可，将此层群组复制，并用挑选工具进行收缩调整，如图6-34所示。

瓦面为两层，复制并调整相应的大小得出如图6-35所示的效果。

制作顶部时瓦片需要重新排列，且屋檐的形状也需要调整，顶部绘制一接近圆形的帽冠，效果如图6-36所示。

最后将所有绘制的部分组合，完成整体效果的设计，如图6-30所示。

结语：亭子看上去似乎比较复杂，但其重复部分比较多，因此可以充分发挥计算机可复制的优势，制作起来反而简单。

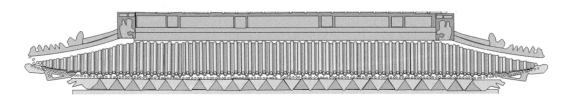

图6-34 完整的瓦面

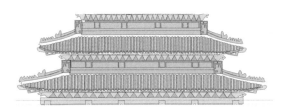

图6-35 亭子中间部分效果

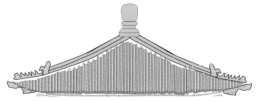

图6-36 亭子顶部的完成效果

六、室外休闲度假露天泳池设计效果

案例六：室外休闲度假露天泳池的效果制作

制作室外休闲度假露天泳池的效果图时，需要利用位图添加一些背景风景，具体的效果如图 6-37 所示。

图 6-37　室外休闲度假露天泳池效果

同样先从远景开始制作（远景的图层在后面）。首先利用矩形绘制台阶（方法同楼梯的制作），如图 6-38 所示。再用矩形工具绘制矩形，变为曲线，添加透视效果，制作地面效果，再次利用矩形工具，填以柱体渐变的方式形成主体，复制若干形成柱体和房檐效果，同时添加阴影和一节墙面效果，如图 6-39 所示。

复制地面的透视矩形，调整并填充鱼鳞效果纹饰形成屋顶样式，复制调整整体屋顶效果，至此边廊效果已初步成型，如图 6-40 所示。

绘制屋顶的外形，并填上鱼鳞图案，完成整个屋顶的效果，如图 6-41 所示。

下面是瓦片的制作：利用矩形转换为曲线，调整下端如图形，填以柱状效果，再绘制曲线，将曲线等距离复制形成瓦状效果、再复制根据需要调整大小，放置于屋顶鱼鳞状图形之上，调整大小和方向形成瓦片效果，如图 6-42 所示。以及如图 6-43 所示的角形状。置于屋顶相应的位置，并根据需要调整如图 6-44 所示效果。

图 6-38　台阶

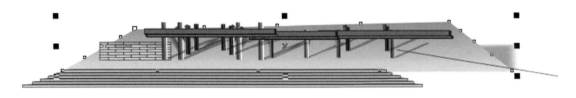

图 6-39　部分廊的效果

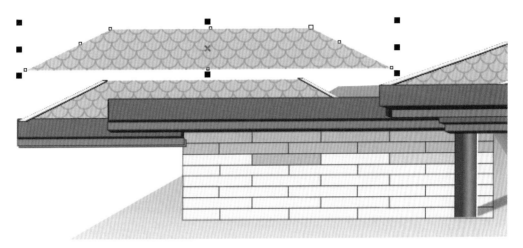

图 6-40　鱼鳞填充效果

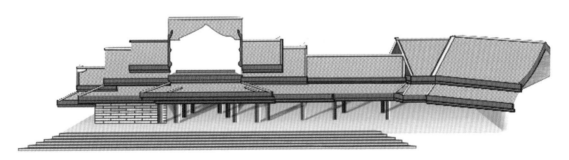

图 6-41　屋顶的初步外轮廓效果

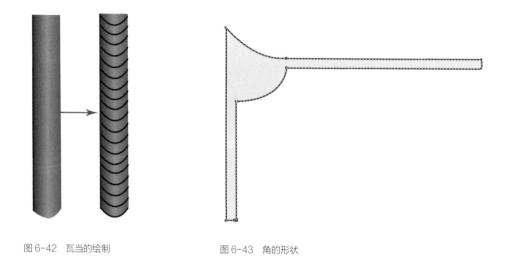

图 6-42　瓦当的绘制

图 6-43　角的形状

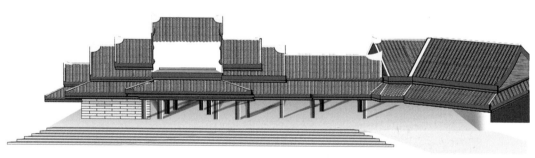

图 6-44　完成后整体效果

在门楼的空白处绘制矩形，以底纹的方式填充，取样式 2 色水彩，调整为木纹效果，置于最后，如图 6-45 所示。

再用贝塞尔手绘工具绘制门脸曲线，复制一组，选择下拉菜单中的调和功能，调整步长值为 20 步生成一立体效果，如图 6-46 所示。将所有完成的图形全选，群组成一组。

用矩形工具绘制右侧的台阶，方法同前面的台阶制作，但要调整方向，如图 6-47 所示。

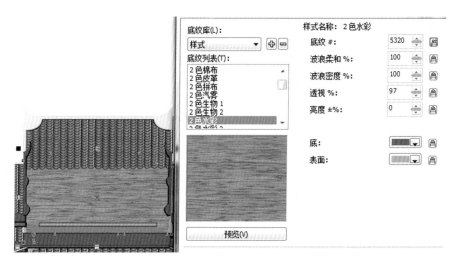

图 6-45　木纹填充效果

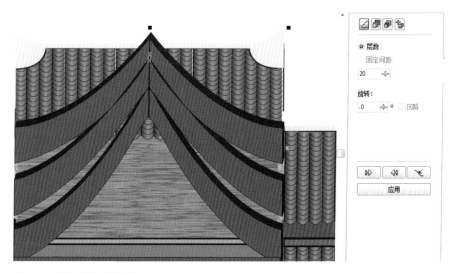

图 6-46　调和功能生成的立体

再次用矩形工具绘制矩形，转换为曲线后，用形状工具调整为右侧墙的透视效果，选择填色工具中的ps填色，选择墙砖效果填色，并置于屋檐后，如图6-48所示。

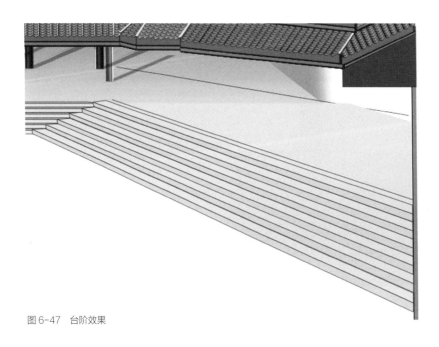

图6-47　台阶效果

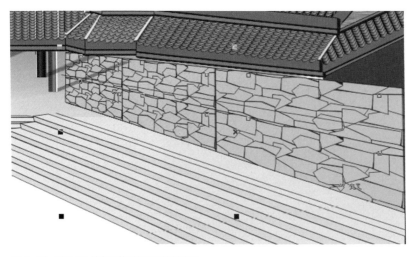

图6-48　利用 PS 填色功能制作瓦片墙面效果

用贝塞尔手绘工具绘制一花瓶样式，并在相应的位置添加高光图形，导入一张位图的花，选择位图菜单中的位图遮罩的方法去除白色的背景置于花瓶之上，如图 6-49 所示。复制一组置于墙边。

绘制矩形转换为曲线，调整透视制作泳池边缘。将前面制作完成的屋除台阶、石墙、花、瓦以外的物体选择群组，选择排列 / 变换 / 镜像 / 垂直镜像"应用到再制"，并置于图形的最后层，制作倒影效果，如图 6-50 所示。

再次利用矩形工具绘制矩形，转换为曲线，调整合适大小，填以白黑线性渐变，再用效果菜单中的透镜功能加上黑白颜色线性的透视效果显出朦胧的倒影效果，如图 6-51 所示。

图 6-49 制作的花盆和导入的花（花也可以制作）

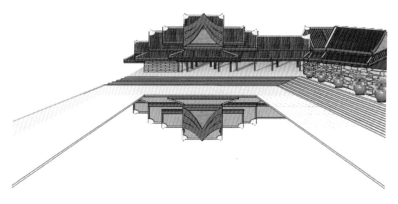

图 6-50 倒影的制作

下面的工作就是制作一躺椅，再复制在泳池的两边。先用矩形工具绘制躺椅的椅脚，填上类似木纹的颜色，侧面用矩形，选择效果菜单中的添加透视功能调整为如图 6-52 所示的透视效果。

　　复制三个椅脚并放置在相应的位置。再用同样的方法制作躺椅底部，填以相同的颜色，轮廓线用缺省的粗度填浅灰色，如图 6-53 的透视效果。

　　复制并移动一定的距离，将两个面均选择，再选用效果菜单中的调和功能，设置 20 步应用产生有 20 层方体的效果，如图 6-54 所示。

　　以同样的方法制作上面的白色垫子，区别在于复制上面的矩形时缩小一点，以产生圆弧的效果，靠背的制作方法相同，并用矩形转换为曲线，调整，填灰色制作阴影，完成躺椅的效果制作，如图 6-55 所示。

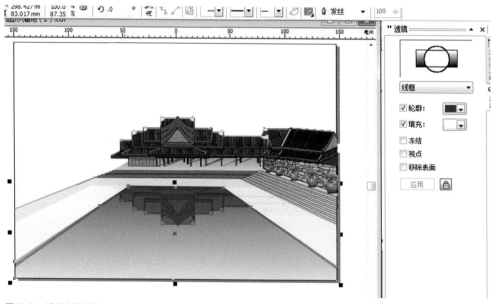

图 6-51　泳池水的效果

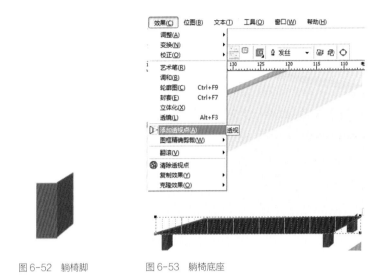

图 6-52　躺椅脚　　　　图 6-53　躺椅底座

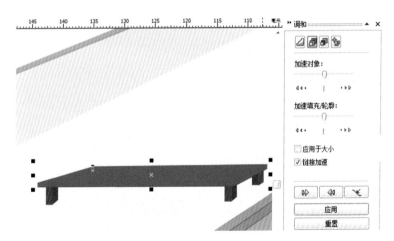

图 6-54　调和功能绘制的立体

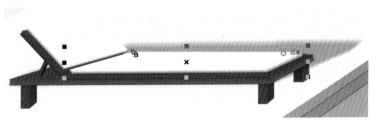

图 6-55　完整的躺椅

将躺椅群组并复制 10 组，按透视角度放置，多出画面的在边缘绘制矩形，在边缘绘制一白色无轮廓大于多出躺椅的矩形，同时选择多出的躺椅，利用排列菜单中造型功能中的后减前的功能将多出部分进行修剪，如图 6-56 所示。

同样将复制完成的躺椅选择，利用排列菜单中变换功能中的缩放与镜像功能点击"应用到再制"，完成对面躺椅的制作，移动到相应位置，效果如图 6-57 所示。

导入一张热带风景的位图，利用位图菜单中的位图颜色遮罩功能将天空遮去（如图 6-58 所示），放置于效果图的最底部，完成整个露天泳池的设计制作，如图 6-37 所示。

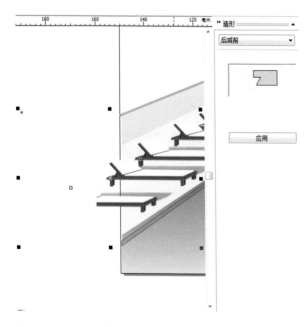

图 6-56　边缘遮盖效果

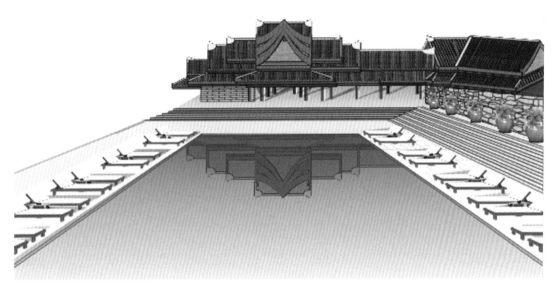

图 6-57　整体完成效果

图 6-58　利用蒙版后的位图

注意：在绘制具体的效果图时有些远处的背景可以直接导入现有的图片。关键是，如果是镜面或水面需要制作倒影，才具有真实感。

总结：该章节的侧重点在于透视的运用，无论是室内还是室外的效果，均需要透视。平面软件不同于三维软件，空间是需要做出来的。

第七章　数字化图形学生作品展示

标志类(视觉传达专业）

广告类(视觉传达专业）

卡通（动漫和服装专业）

造型类（产品造型专业）

室内效果类（环境艺术专业）

　　该软件所授对象几乎涵盖了艺术设计所有专业，在涉及所教专业的教学的过程中，我所关注的重点在于学生的专业，对不同专业给予不同的指导，作业也要求是与本专业有关的，但题材不限，给同学们充分的设计自由度。

　　以下为南京艺术学院设计学院历届学生用 COREL 软件制作的作品，约70 幅。

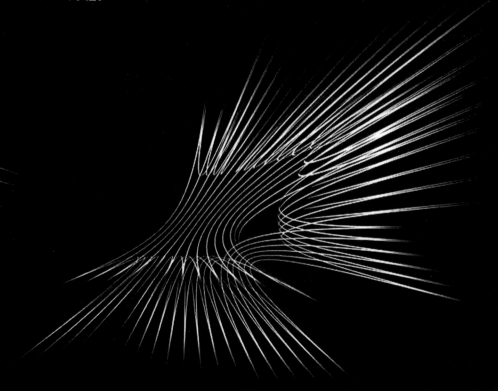

第一节　标志类（视觉传达专业）

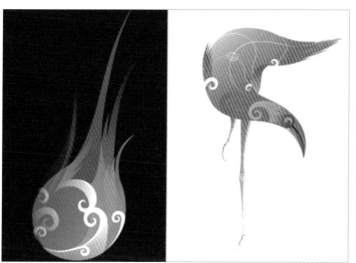

第二节 广告类（视觉传达专业）

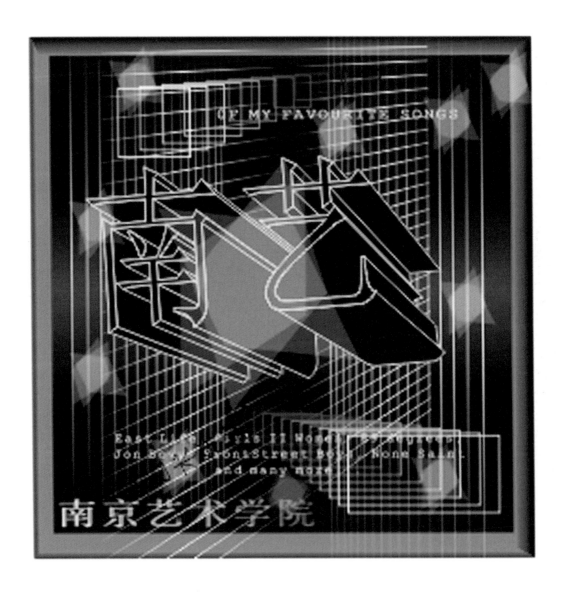

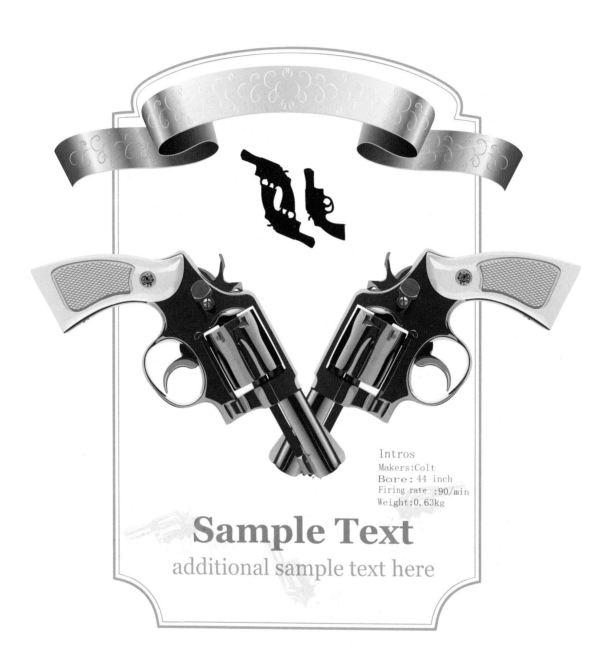

Intros
Makers:Colt
Bore: 44 inch
Firing rate :90/min
Weight:0.63kg

Sample Text

additional sample text here

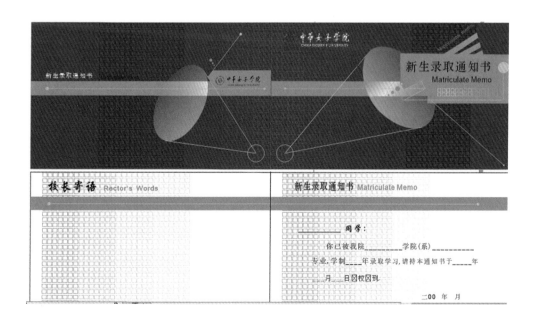

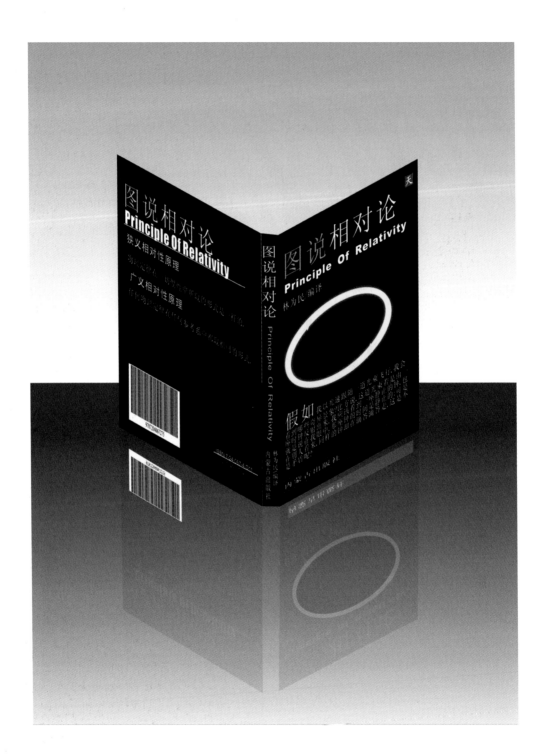

第三节　卡通（动漫和服装专业）

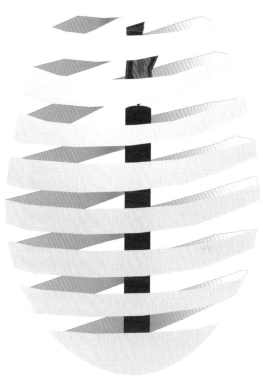

第四节 造型类（产品造型专业）

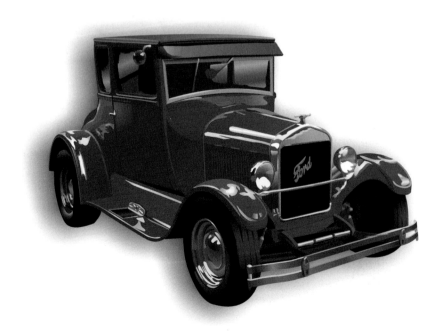

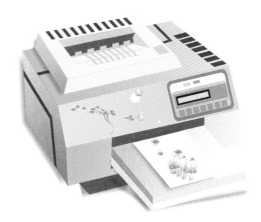

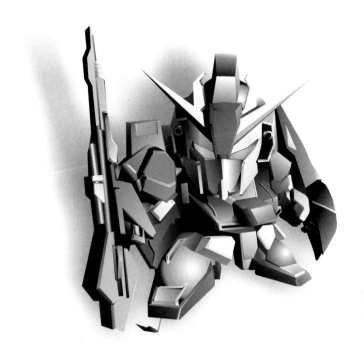

第五节 室内效果类（环境艺术专业）

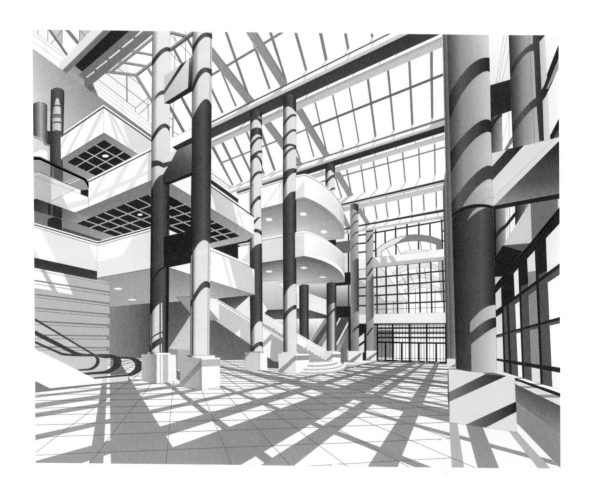

　　注：以上为部分作业的节选，均为 CoreIDRAW 软件设计制作的作品，没
有任何其他软件的介入。

参考文献

[1] 雷圭元 . 雷圭元图案艺术论 [M]. 上海：上海文化出版社，2016.

[2] 张道一 . 张道一论民艺 [M]. 济南：山东美术出版社，2008.

[3] 张士闪，耿波 . 中国艺术民俗学 [M]. 济南：山东人民出版社，2008.

[4] 严晨 , 严渝仲 . 企业形象设计教程 [M]. 沈阳：辽宁美术出版社，2004.

[5] 比尔·加德纳，凯瑟琳·费舍尔 . 21 世纪超级标志设计 [M]. 王毅，译 . 上海：上海人民美术
    出版社，2004.

[6] 陈楠 . 标志设计 [M]. 北京：中国青年出版社，2006.

[7] 郑军 . 汉代装饰艺术史 [M]. 济南：山东美术出版社，2006.

[8] 赵农 . 设计概论 [M]. 西安：陕西人民美术出版社，2000.

[9] 倪建林 . 中西设计艺术比较 [M]. 重庆：重庆大学出版社，2006.

[10] 阎文儒 . 云冈石窟研究 [M]. 桂林：广西师范大学出版社，2003.

[11] 薛红艳 . 工业设计史 [M]. 北京：人民邮电出版社，2017.

[12] 张宪荣，张萱 . 设计色彩学 [M]. 北京：化学工业出版社，2008.

[13] 琢田敢 . 色彩美学 [M]. 长沙：湖南美术出版社，1986.

[14] 斯蒂芬·潘泰克，理查德·罗斯 . 美国色彩基础教材 [M]. 汤凯青，译 . 上海：上海人民美术
    出版社，2005.

[15] 王向荣，林箐 . 西方现代景观设计的理论与实践 [M]. 北京：中国建筑工业出版社，2002.

[16]《世界建筑画分类图典》编委会 . 世界建筑画分类图典 [M]. 北京：中国建筑工业出版社，1992.

[17] 马亮，韩高峰 . SketchUp 建筑制图教程 [M]. 北京：人民邮电出版社，2012.

作者简介

陈利群：女，1961年生于江苏省南京市，教授、硕士生导师。1984年毕业于华东冶金学院（现安徽工业大学）自动化专业，获学士学位。主攻方向为数字媒体专业，从事多媒体艺术设计教学及视觉媒体设计和数字媒体研究生教学工作多年。先后任全国高校计算机基础教育协会理事，全国高等院校计算机基础教育研究会艺术分委会委员、江苏省计算机协会理事、全国高校计算机基础教育协会南京地区理事，全国大学生计算机大赛数媒组副组长资深评委。

发表的论文有数十余篇，出版专著三部，分别获教育部规划教材精品奖、教育部十一五国家规划奖、江苏省十三五重点规划教材、江苏省教育厅教学成果二等奖及校级教学成果一等奖、江苏省科技服务创新奖等。参与辅导学生的作品曾获全国大学生比赛一、二、三等奖。

主要担任课程有：多媒体图像艺术设计、多媒体图形艺术设计、多媒体三维动画艺术设计、多媒体音频视频非线性编辑设计、多媒体创建设计等。

具体成果如下：《计算机多媒体艺术导论》被教育部评为"十一五"国家级规划教材及普通高等教育精品教材；获江苏省教育厅 "计算机美术设计基础及应用教学"教学成果二等奖及南京艺术学院"计算机图形设计基础及应用教学"一等奖；专著《工业造型创意制作》获南京艺术学院优秀奖；主导完成校级研究课题"多媒体艺术设计研究"。